中国地质大学（武汉）资源战略与政策研究中心开放基金资助
项目编号：2011A004

我国跨流域调水水权管理
准市场模式研究

WOGUO KUALIUYU DIAOSHUI SHUIQUAN GUANLI
ZHUNSHICHANG MOSHI YANJIU

才惠莲　著

中国地质大学出版社有限责任公司
ZHONGGUO DIZHI DAXUE CHUBANSHE YOUXIAN ZEREN GONGSI

图书在版编目(CIP)数据

我国跨流域调水水权管理准市场模式研究 /才惠莲著. —武汉:中国地质大学出版社有限责任公司,2013.8

ISBN 978 - 7 - 5625 - 3174 - 6

Ⅰ.①我…

Ⅱ.①才…

Ⅲ.①跨流域引水-水资源管理-市场模式-研究-中国

Ⅳ.TV213.4

中国版本图书馆 CIP 数据核字(2013)第 149910 号

我国跨流域调水水权管理准市场模式研究	才惠莲　著
责任编辑:蒋海龙　赵颖弘	责任校对:张咏梅
出版发行:中国地质大学出版社有限责任公司	邮政编码:430074
(武汉市洪山区鲁磨路 388 号)	
电　　话:(027)67883511　　传　　真:67883580	E - mail:cbb @ cug. edu. cn
经　　销:全国新华书店	http://www. cugp. cug. edu. cn
开本:880 毫米×1 230 毫米 1/32	字数:158 千字　　印张:5.5
版次:2013 年 8 月第 1 版	印次:2013 年 8 月第 1 次印刷
印刷:武汉市教文印刷厂	
ISBN 978 - 7 - 5625 - 3174 - 6	定价:32.00 元

如有印装质量问题请与印刷厂联系调换

目　录

第一章　绪论

第一节　研究背景、目的和意义

一、研究背景

1. 水资源短缺与用水危机

日益严重的水危机,已经成为关系人类生死存亡的重大问题。在第五届世界水资源论坛(2009 年)上,联合国教科文组织公布:未来相当长一段时间内,将有 2 400 万至 7 亿人会因为缺水而背井离乡。到 2030 年,全球半数人口将生活在缺水的环境中。进入 21 世纪以后,我国水资源和能源一样,直接影响到经济结构和生产力布局,关系到经济社会可持续发展。水利部副部长索丽生在中国科协第三届学术年会(2001 年)上发出警告说:伴随着我国经济社会快速发展,水资源短缺问题将更加严重。预计在 2030 年人口增长到达高峰的时候,中国水资源开发利用的高峰也将出现,用水危机的形势愈演愈烈。①

跨流域调水是解决水资源短缺、用水危机的重要举措。由于自然状态下水资源时空分布不均,许多国家都修建了跨流域调水工程,在更加广阔的时空范围内寻求水资源优化配置。据不完全统计,目

---

① http://www.people.com.cn/GB/huanbao/55/20010919/564191.html.

前世界上已建、在建或拟建的大型跨流域调水工程有 160 多项,遍布世界各个地区,出现了一些著名的跨流域调水工程,世界性水资源开发已经进入了跨流域调水阶段。[①] 我国人均水资源量仅为世界人均水资源量的 1/4,而且时空分布很不均匀,难以与耕地、人口相匹配,使水资源科学配置、提高用水效益存在极大困难。水资源分布在时间上的不均匀性表现为:有明显的雨季和旱季之分,我国北方地区降水集中在每年 6～9 月,多以强降雨的形式出现,很快形成地表径流流失;其他月份则降水稀少,导致大部分地区干旱,土地耕种效率低下。水资源分布在空间上的不均匀性表现为:北方耕地占全国的 59.12%,人口占全国的 44.18%,而水资源仅占全国的 14.17%;南方耕地面积占全国的 35.12%,人口占全国的 53.16%,水资源却占全国的 80.14%;尤其是华北、西北等地,水资源严重不足。我国自古以来就通过兴建跨流域调水工程解决水资源时空分布不均的问题,闻名中外的京杭大运河始建于春秋末年,经隋、元代扩建,成为跨越南北的大通道;秦朝时修建郑国渠,引泾水入洛水灌溉农田;灵渠联通湘江和漓江上游,将长江和珠江两大水系相连接。新中国成立后,跨流域调水工程得到了更加长足的发展,已建或在建的跨流域调水工程主要有引滦入津工程、引黄济青工程、引大入秦工程、引碧入连工程、江水北调工程、淠史杭工程、东深工程等。正在建设的南水北调工程是我国有史以来涉及省市最多、调水量最大的跨流域调水工程,在国际上也是屈指可数的巨型调水工程之一。改革开放以来,我国为了应对水资源地区分布不均的状况,修建了 20 多座跨流域调水工程。[②] 2010 年,水利部部长陈雷在全国水利规划计划工作会议上指出,必须通过恰当跨流域、区域的水资源优化配置,化解水

① 陆焕生,滕儒晶. 加拿大跨流域调水对形态的影响[J]. 人民长江,1983(6):73.

② 刘强,唐纯喜,桑连海. 美国跨流域调水管理借鉴[J]. 长江科学院院报,2011(12):82.

资源危机问题。跨流域调水成为我国 21 世纪水利工程的一大特点。①

2. 跨流域调水管理面临制度变迁

跨流域调水不仅需要科学技术支持,而且需要具有激励和约束功能的制度安排,诱导当事人采取从社会角度看最优的行动。制度经济学强调制度的积极作用,认为制度是内生变量,对经济增长存在重大影响。在资源稀缺、竞争激烈的社会中,制度为人的行为提供规范,帮助人们形成合理预期、降低交易成本。我国跨流域调水管理,已经形成了一套基于行政手段的水权管理制度,水权外部性明显,水权模糊现象严重。在没有市场时,政府判断用水户价值的成本非常高,计划部门不可能掌握消费者随时改变的支付意愿,也不可能完全清楚厂商的生产成本,更无法迅速把握各类用水的边际价值并合理展开水资源分配。跨流域调水工程运行成本不断增加,调水工程处于低效率运作状态,水权行政管理演化为水资源浪费和破坏的制度基础。

诺斯认为,一种更为有效益的制度对旧制度进行替代的过程,被称为制度变迁。它的具体形式包括两种,即基础性制度变迁和次级制度变迁。前一种变迁的方式是公共选择,后一种则是市场交易。相对于公共选择的变迁,市场交易的变迁更容易取得成功,因为局部均衡表现出更少的路径依赖性。但是,林毅夫的理论更加容易解释我国跨流域调水水权制度的变迁。他认为,制度变迁通过强制性制度变迁和诱致性制度变迁方式进行。前者由政府命令和法律的引入实行,后者由个人或群体在响应获利机会之时自发地倡导、组织并施行。在分散决策的市场经济体制下,更容易滋生出改变现有制度安排,获得新生利益的需求和欲望。而在集中决策的计划经济体制下,

---

① 水利部发展研究中心"水权与水价"课题组. 水权与跨流域调水的法律思考[J]. 水利发展研究,2001(1):49.

制度安排往往有着最大化的政治目标、经济目标,这两个约束条件客观上又常常发生冲突,制度变迁更多取决于决策者的创新愿望和能力。中央集权国家常常采用政府供给主导型的制度变迁方式。[①] 在这样的背景下,与我国经济体制改革"政府供给主导型"发展道路相适应,跨流域调水水权管理制度及其模式的变迁也是"政府供给主导型"的。

二、研究目的和意义

1. 研究目的

研究我国跨流域调水水权管理模式问题,就是要根据调水资源的特定状况,安排合理的水权制度及其运行机制,实现水资源有效管理。我国跨流域调水水权管理行政模式屡现弊端,水权市场建立、传统管理模式的革新已经无法回避。结合我国跨流域调水水权管理的实际,准市场模式是我国目前最适合的选择。本书旨在建立我国跨流域调水准市场模式的多元目标体系,描述准市场模式水权管理体系的样式,揭示准市场模式的制度结构和运行机制,寻求构建我国跨流域调水水权管理准市场模式的对策。

2. 理论意义

目前,全球水管理战略正在演变,水权市场提高了水资源管理效率,以水权市场为基础的水资源管理问题引发了许多国家在理论研究上的关注,但国内外关于跨流域调水水权管理模式的研究尚处于初始阶段,至今还未见有学者专门、系统地研究这一问题,只有零散的相关成果。本书系统分析了我国跨流域调水水权管理准市场模式的理论基础、多元目标,确立了"跨流域调水水权制度科层模型",描述了准市场模式的水权管理体系、制度结构及其运作机制,以求弥补

---

① 刘伟. 中国水制度的经济学分析[D]. 上海:复旦大学博士论文,2004:8.

水权管理行政模式的机械与呆板,以动态、发展的观点看待跨流域调水水资源管理问题,最终形成了我国跨流域调水水权管理准市场模式的理论体系。该理论体系和相关问题的研究具有学术价值。

3. 实践意义

随着我国跨流域调水工程的不断增多,如何有效地管理成为一个客观、现实的问题。南水北调工程总调水量约为 400 亿 m³,将在调水沿线建设世界上最大的水权交易市场。著名学者胡鞍钢评价说:"这是迄今世界最大的水权交易市场,它的运作标志着中国水权市场的形成。"①现代水权制度的本质要求在于,推动水资源从边际效益低的使用者向边际效益高的使用者转移,使水资源利用的经济效率得以提高,因而要求建立起与水权市场相适应的跨流域调水水权管理模式。传统跨流域调水水权管理行政模式显露出来的问题包括政府出资面临重负、调水沿线各方利益难以协调、水资源浪费严重,等等。构建我国跨流域调水水权管理准市场模式,将为整个国家跨流域调水水权管理实践提供可操作的样本,有利于该模式得以更加快捷和有效地推行。水权市场的发展,将积极促进跨流域调水工程沿线区域全面节水和科学用水,实现调水资源的合理配置和提高用水效率,有利于处理跨流域调水沿线的利益纷争、促进社会和谐与发展。

第二节　问题的提出

我国跨流域调水水权行政管理手段的日渐失效,预示按照这一制度安排,无法获得更多利益;只有改变现有制度安排,才能获得新生利益;跨流域调水水权制度及其管理模式的变迁势在必行。

---

① 杨培岭.水资源经济[M].北京:中国水利水电出版社,2003:95.

一、水权管理模式的分类

1. 学界对水权管理模式的认识

沈满洪、林关征依据水权排他性的强弱,将我国水权管理模式划分为国有水权管理模式、私人水权管理模式和社区水权管理模式,这种划分在一般意义上并无不可,但对跨流域调水水权管理模式分类的认识有所不足。因为在跨流域调水水权管理过程中,区域水权是一个非常重要的概念。沈满洪教授在《水资源经济学》一书中已经明确解释了区域水权,"所谓区域水权是指以行政区划为单位、由区域政府管理、在该区域范围内所有居民共同享有的水权。"认为俱乐部水权(社区水权)不能等同于区域水权,它"是指在某一较小范围内由某个区域内组织或社团拥有的水权。这种水权按照我国《水法》上的提法也可以称之为集体水权。"[①]同样是在这本书中,沈满洪教授将水权划分为国家水权、区域水权、俱乐部水权和私人水权,但对水权管理模式进行分类时未见提及区域水权,可见他并非专门针对跨流域调水问题展开研究。另外,林关征提出了"政府模式配置国有产权"、"市场模式配置私有产权"及"社区管理配置社区产权"的观点。[②] 问题是国有水权并非只能通过政府方式运作,私有水权也并非仅仅意味着市场方式的运作,对于大多数国家而言,宪法规定了水资源为国家所有,却与国家或政治体制并无关联。[③] 有学者甚至认为,"我国水权制度从所有权来说只有国家水权、区域水权和俱乐部水权,还没有私人水权。"[④]不能简单地说水权是国有的、还是私人

① 沈满洪. 水资源经济学[M]. 北京:中国环境科学出版社,2008:129.
② 林关征. 水资源管制放松与水权制度[M]. 北京:中国经济出版社,2007:183.
③ Asitk Biswas. 水资源环境管理与规划[M]. 陈伟,主译. 郑州:黄河水利出版社,2001:372.
④ 杨立信. 国外调水工程[M]. 北京:中国水利水电出版社,2003:194.

的。如果从这一观点出发,加上很多学者将跨流域调水工程作为准公共物品加以认识,都说明需要对跨流域调水水权管理模式有新的认识,并非简单适用即可。

2. 水权机制是水权管理模式变革的关键

水权运行机制"考虑如何通过一定机制把多个目标统一到一个目标,实现目标的统一",[1]它以动态的、强调系统内部有机联系的方式体现水权管理模式的内容。更为重要的是,水权机制是水权管理模式变革的关键性内容。"水权结构在水权交易中不断演进并优化的观点,是诺斯以一种经济史观的形式提出的,巴泽尔则从现实生活中再次观察到水权结构的渐变过程。"[2]水权运行机制的样式不同,水权管理模式也不相同。对于水权运行机制而言,"纯粹的市场方式和行政方式只是分配方式的极端情形,现实中的制度安排往往是两种方式某种程度的混合"。[3]准市场机制恰好是政府方式和市场方式的结合,国内多数学者赞同准市场机制是水资源管理的重要方式,这也反映了我国跨流域调水水权管理的现实状况。如果把水权运行机制分为行政机制、市场机制和准市场机制,我国跨流域调水水权管理模式可以相应分为行政模式、市场模式和准市场模式,如图 1-1 所示。不同的水权管理模式在管理理念、管理制度和体系、运行机制方面分别形成了各自的系统,并体现出鲜明的特点。

二、水权管理行政模式分析

水权模糊在一定历史条件下是合理的经济现象,因为清晰界定水权的成本较高,而模糊水权方法能够节约排他性成本。即行政手

---

①　罗慧.中国可持续发展条件下的水权交易机制研究[M].北京:气象出版社,2007:91.

②　李卓临.水权制度问题[M].北京:中国科学技术出版社,2007:115.

③　王亚华.水权解释[M].上海:上海人民出版社,2005:120.

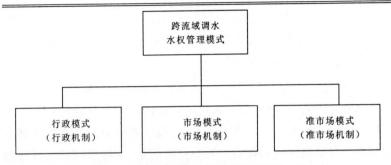

图 1-1　跨流域调水水权管理模式及其分类

段是特定条件下成本节约的现实制度选择,产权模糊是行政配水制度的基础。随着水资源短缺日益加剧,水权模糊的代价越来越大,水权行政配置遭遇的困难越来越多。

1. 水权管理行政模式屡现弊端

我国跨流域调水水权管理的行政模式已经屡现弊端。具体表现在以下几个方面。

(1)水资源浪费现象严重。在计划供水、行政调度的管理方式下,调水量由用户提出申请并加以确定,其申报的调水计划常常与实际用水量相差很大,极易造成水库预留调水量过多的状况。由于汛前仓促、集中弃水,既影响到水库安全度汛,又损失了发电效益。同时,我国跨流域调水长期施行完全计划调水也使调水量出现失控。对于调水区来说,水价远远低于其真实的成本,由于缺少补偿与激励的有效机制,调水水质和水量难以保障。对于受水区来说,无偿或低价用水导致对外调水需求大增,最终出现调水不足的现象。

(2)水资源开发利用的效率低下。在计划经济管理体制下,受水区无需出资便可申报用水指标,结果造成用水指标居高不下。而跨流域调水工程运行后,又指责水价太高,宁愿打深井、使用地下水,也不愿使用外调水,调水工程无法发挥预期效益、实现设计规模。工业方面,由于缺少水资源循环、重复利用,万元产值用水量一直很高。农业用水方面,落后的大水漫灌方式,降低了水资源的利用效率。

(3)枯水期缺水形势极为严峻。我国水资源国家所有,当某些地区缺水时,国家根据水资源分布状况统筹规划,从富水地区调水,支持缺水地区经济发展。但水流经过不同省区,路线漫长、地形复杂,调水成本高,加上跨流域调水工程建设的周期很长,很有可能出现调水工程规模无法适应沿线经济快速发展的情况,当用水数量急剧增加时,导致可调水量减少,甚至在枯水季节无水可调。例如,我国引滦入津工程运行以来,潘家口水库和于桥水库从 1997 年进入枯水期,随着入库水量大幅度地减少,已经不能满足天津市的用水需求。为了帮助天津市顺利度过缺水危机,国家防汛抗旱总指挥部和水利部分别于 2000 年、2002 年、2003 年、2004 年、2009 年组织实施了引黄济津应急调水。

(4)水环境及其生态安全存在威胁。预计南水北调工程运行后,至 2030 年,长江流域调水量将达到 680 亿 m³,人口将达到 5.14 亿,如果每年用水量增加 1%,长江流域用水量会达到 2 300 亿 m³,水资源利用率达到 27.8%。这样,长江流域水资源利用率达到了 29%。[①] 由于用水量增加、水资源承载力减弱,调水沿线的可持续发展受到严重影响。

2. 水权管理准行政模式的低效率

为改变完全计划调水的不足,我国曾尝试通过政府水价政策进行管理,出现了跨流域调水水权管理的准行政模式。但是,由于水价偏低、水资源价格扭曲,水权管理总体上仍是低效率。具体表现为以下几个方面。

(1)政府为了鼓励受水区用好外调水,促进其经济发展,限制对

---

① 严军,胡建兰,苗卉,等. 南水北调对长江流域水资源承载力的影响及水资源优化配置方法[J].水力发电学报,2007(3):106.

地下水过度开采,势必会维持较低的调水价格,使外调水无法反映出其应有的价值。

(2)政府无法掌握水价方面充分、完全的信息。受水区出于自身利益需要,往往夸大水价;调水区则认为偏低的水价无法反映调水资源的真实成本。

(3)水价中对资源水价和环境水价缺少体现,导致水价总是低于其理想的均衡值。当水价比理想均衡值低的时候,受水区剩余便会增加,调水区剩余则会减少。也就是说,政府通过无偿或低价调水较好满足了受水区利益,成就了受水区经济社会发展,却因此使调水区利益受到损害。[①]

这种模式最终表现为政府失灵,政府本身的利益、过长的中间链条、严重的信息不对称,都降低了水资源的配置效率。

三、水权管理市场模式探讨

1. 完全自由竞争的市场是理想假设

自由市场经济制度虽好,可在一些学者看来,现实中不存在理想的自由市场经济。一般均衡论者的代表、意大利经济学家帕累托,他相信自由竞争的市场机制是个精巧装置,经济主体利润最大化和效用最大化的行为使得市场自动产生供求均衡,并达到帕累托最优,自由市场经济制度是最好的制度。非均衡学派却认为,由于非均衡的广泛存在,在市场调节的基础上,必须引入政府调节以及社会参与,完全自由竞争的市场只能是理想假设,一般均衡只存在于理想中,现实中到处存在的是非均衡。[②]

目前,水权市场在全球范围内产生了重大影响,美国、澳大利亚

---

① 王宏波,张顺,霍有光. 丹江口调水工程对陕西及区域经济发展的影响与对策[J]. 水利经济,2006(6):4.

② 贾绍凤,姜文来,沈大军. 水资源经济学[M]. 北京:中国水利水电出版社,2006:54.

等国家纷纷探索水权理论与实践,但真正拥有全国性水权市场的只有墨西哥和智利。

2. 完全的调水市场难以实现

据《中国水利报》2005年1月15日第6版报道,我国"首例水权交易提速治水变革"。东阳—义乌水权交易达成后,随着引水工程正式通水,标志着我国首例水权交易取得了成功。近年来,由于人们对水权制度的认识不断深入,以及政府部门的积极倡导和支持,水权交易实践不断发展,水权市场在节约水资源、优化水资源配置上的效率日益凸显。从2000年东阳—义乌水权交易,到2001年张掖水票制度的建立,再到黄河水权转换制度实行,水权市场的实践不断前行。

然而,在我国社会主义市场经济发展过程中,水权市场发展相对滞后是客观事实。尤其是跨流域调水还有其自身的特性。实践中,供水方和需水方如果缺乏提供信息咨询的中介机构,就难以真正展开交易。因为,调水区常常很难获知受水区真正的用水需求,受水区也很难清楚把握调水区真实调水数量,加之交易还要受到输水管道、工程设施的限制,完全意义的市场调节难以实现。

可见,由于水资源的固有特征,如果完全用市场方式配置水资源,市场失灵在所难免;而水资源的稀缺性与消费的竞争性,客观上需要市场的有效调节。如果要使跨流域调水工程尽可能实现水资源优化配置,市场调节与政府管理就都必不可少。

四、水权管理准市场模式的选择

1. 水权管理模式变革的新思路

准市场模式意味着"对于一种资源的产权制度安排并不存在绝对最优的选择,即使这种资源的生产特性是确定的",[1]适当的机制

---

① 林关征.水资源管制放松与水权制度[M].北京:中国经济出版社,2007:187.

会帮助综合考察某种资源的生产特性、交易特性。虽然我国经济发展的市场化指数已经靠近 80%,大多数资源的分配都已经采取市场机制加以运作,但在水资源分配方面迄今仍然是行政管理的模式,水价尚不能够反映资源短缺的程度,水资源浪费严重、供求矛盾愈发尖锐,不同流域、区域之间的矛盾无法有效协调,跨区域、流域水资源分配问题必须要有新思路。①

我国跨流域调水水权管理行政模式亟待变革。基本思路如下。

(1)积极考察水权市场给全球水资源管理带来的变化。可交易水权制度在很多国家和地区得到了推行,证明水权市场是有效率的。跨流域调水水权市场之所以可行,是因为下游地区以一部分经济利益和上游地区水供给相交换,供需双方都可以受益。水资源配置并不必然要求政府完全采取行政手段、按照行政指令进行分配,运用水权市场进行资源配置会更有活力和效率。

(2)充分认识水资源的复杂特性和政府宏观调控的必要性。政府在跨流域调水投资和管理过程中,扮演着非常重要的角色。由于水资源分布、使用方式等基本状况不同,水资源管理范围、经济属性等也各不相同,常常需要依据不同实际情况展开水资源管理。跨流域调水管理面对的水资源时空分布不均特点更加明显,同时,并非所有调水资源都能进入市场,水价不可能完全由市场竞争来决定。

(3)认真把握我国治水的基本国情。中国历史上的治水模式,一直都以中央集权作为典型特征。结合我国跨流域调水管理的历史与现状,水权市场建设不可能一蹴而就,准市场模式是目前最适合的选择。世界许多国家跨流域调水工程的建设与管理都是由政府统一组织实施的。②

---

① 胡鞍钢,王亚华.转型期水资源配置的公共政策:准市场和政治民主协商[J].中国软科学,2000(5):6.

② 沈满洪.水资源经济学[M].北京:中国环境科学出版社,2008:144.

2. 准市场模式的优越性

跨流域调水水权管理准市场模式的选择,意味着相对我国跨流域调水水权管理行政模式而言,水权管理模式不是突变、而是一个渐变的过程。准市场模式的选择使水权制度变革具有内在的制度合理性、适应性,从而避免"制度断裂"、社会震荡。具体情况如下。

(1)强调了水权制度的历史惯性。跨流域调水水权管理准市场模式的建立,尊重了水权制度演化的历史过程,它并不是要完全抛弃原有水权管理行政模式,水资源国家所有,所有权和使用权分离的原则被保留下来;水资源开发利用必须服从国家经济计划和社会发展规划;行政手段也在增强了对水权市场的适应性以后得以留存。如表 1-1 所示。政府机制与市场机制的结合,更容易实现跨流域调水管理的多元目标。

表 1-1　我国跨流域调水水权管理模式的演化

模式 类别	我国跨流域调水 水权管理的行政模式	我国跨流域调水 水权管理的准市场模式
运行机制	行政机制	准市场机制
政府作用	行政指令	宏观调控
水权制度	公共水权制度	可交易水权制度
水权市场	禁止水权交易	允许水权交易
组织机构	管理机构	市场交易组织

(2)遵循了我国渐进式经济体制改革的基本道路。在我国跨流域调水水权管理准市场模式中,政府是水权市场的建立者和推动者。中国水权市场建设的实践一直在政府主导下进行,跨流域调水水权市场的建设也不例外。即使在国外,跨流域调水水权市场建设中政府的作用也非常明显。

（3）有利于跨流域调水沿线不同利益主体之间关系的协调。跨流域调水管理面临着地区、行业和部门等各种复杂的利益关系，水资源配置通过行政手段协调事实上已经不堪重负。允许水权拥有者交易水权，建立起促进水权交易的组织机构或管理单位，采取有效的管理制度和措施支持和规范水权市场，将极大地提高水资源管理效率。

总之，由于不同历史发展阶段和社会条件下，水权运行机制都存在差异，目前以及相当长的时间内，我国采用的是跨流域调水水权管理准市场模式，表现出单一政府机制或市场机制并非是完美的，这两种机制的结合成为切合实际的模式。我国跨流域调水水权管理模式是一个动态、演化的过程。

第三节　基本概念界定

如图 1-2 所示，"跨流域调水"、"水权管理"、"准市场模式"三者之间的关系，构成了本研究的关注点，也是本研究涉及的基本概念。

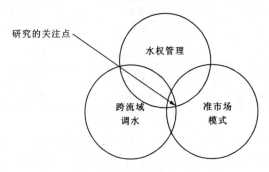

图 1-2　研究的关注点

一、跨流域调水

跨流域调水是指不同流域之间通过水利工程等措施改变水流的自然流向,将一个流域的水资源转移到另一流域的过程。跨流域指流域之间进行水资源调配。调水指通过一定水利工程或者其他措施将某一地区的水资源引流到另一地区。不同学者结合跨流域调水的目标、功能、方式等,对跨流域调水的认识有所侧重。

李蓉等从调水目标出发,认为跨流域调水是调剂水量余缺的过程,目的是改善资源稀缺地区用水困境,促进这些地区经济与社会的发展。[①]

李梅等注重对跨流域调水的功能进行认识,认为跨流域调水能够实现水资源优化配置,改善水资源、水环境的传统格局,保障经济发展与环境保护相协调。[②]

孙凡等更注重跨流域调水的方式问题,认为跨流域调水是指在两个或多个流域之间修建蓄水、输水工程,利用自流或抽水等方式把一个流域的水输送到其他流域。[③] 水资源从一个流域转移到另外一个或数个流域主要是依赖于地质地貌而建立相应的水利工程,将水资源按照一定流向和流量向受水区进行输送。

王慧敏则从系统的角度对跨流域调水进行界定,认为跨流域调水是通过工程将不同的自然流域结合起来,形成一个集生态、经济、资源与工程于一体的、多流域、多水源、开放的复杂系统。[④]

① 李蓉,赵敏,常玉苗. 跨流域调水对区域生态环境影响界定及影响因素分析[J]. 生态环境,2009(2):155.
② 李梅,张济世,刘玉龙. 跨流域调水工程水价研究[J]. 人民黄河,2008(2):11.
③ 孙凡,解建仓,吴景霞. 跨流域调水对调水区产业结构发展的长期影响[J]. 西安建筑科技大学学报(自然科学版),2008(1):133.
④ 王慧敏. 跨流域调水综合管理体制与协调机制创新——以南水北调东线为例[J]. 中国科技论文在线,2006(2):114.

因此,跨流域调水既是时间概念,又是空间上的概念。作为时间概念,跨流域调水是满足当代社会水资源稀缺地区对水资源需求的有效方式,但以不危害后代人的发展为前提。作为空间概念,跨流域调水在保证人类经济与社会发展的同时,还要保有良好的生态环境。跨流域调水指人类在两个或两个以上的流域之间,通过调水工程将某个流域的水输送到其他流域,实现水资源合理配置,保证经济、社会和生态环境的持续协调发展。

二、水权管理

水权管理指水资源权属管理,水权制度是其核心。水权制度不同,对水权管理的要求也不同。准市场模式下,水权管理以可交易水权制度为中心,从而排斥与之不相适应的水权制度。

一些学者描述了水权管理的概念,指出了市场条件下水权管理的内涵。李可可、邵自平认为,水权管理就是对水权分配、交易、收益等活动进行规范。包括水权定额、水权取得、对水权人进行管理、水权分割与层层落实、水权交易等方面的内容。[①] 贾绍凤、曹月认为,水权管理指在进行水权初始分配后,还必须开展水权的交易。通过水权交易,水权不断从用水低效者向高效者转移,从而实现水资源配置整体效益的最大化。[②] 宗刚、田慧认为,水权管理是行政管理在水权领域的具体表现,其中水权分配和水权交易管理占有重要地位。我国水权管理一般在三个层面进行,即国家、流域和区域层面,对水权进行有效管理可以减少水资源浪费现象,促进水资源合理使用。[③]

另一些学者虽然没有明确水权管理的概念,但研究中涉及到水

---

① 李可可,邵自平. 美国西部水权管理制度及启示[J]. 中国水利,2004(6):65.

② 贾绍凤,曹月. 美国犹他州水权管理制度及其对我国的启示[J]. 水利经济,2011(6):17.

③ 宗刚,田慧. 农村地区水权管理研究[J].北京水务,2010(5):20.

权管理的相关要素。张勇、常云昆对国内外水权管理进行了综合性考察,从水资源管理体制、水权分配、水权价格等方面,探寻水权管理的共同经验。[①] 周玉玺认为,借鉴国外水权制度改革,结合我国水资源供需状况,水权管理应从水资源分配制度、水权交易制度和水权监督管理等方面来考虑。有效的水权管理,可以控制水权总量分配,降低水权交易的运行成本。为了保证水权初始分配、水权交易的顺利进行,需要政府出面建立相应管理制度。[②] 蒋剑勇、方守湖认为,许多国家都建立了适合自己情况的水权体系,以美国、澳大利亚等为例,联邦或州都制定水法,明确水权制度,加强水权管理。有关部门从国家或州获得取水权,然后逐级逐层分解,最终将水权分配至各用水户。用水户依据取水权用水,实现水资源开发利用的有序管理。[③]

可见,市场条件下水权管理的基本要素包括水权、水权市场及可交易水权制度。水权有广义和狭义之分,广义的水权是有关水资源权利的总和,包括水资源所有权、使用权和经营权等。狭义的水权仅指水资源使用权。作为一种稀缺的自然资源,水权是权利人依法对水资源使用收益的权利。水权与其他自然资源产权一样,其所有权和使用权可以分离开来。在市场经济条件下,水资源使用权是水权交易的基本内容。水权市场是在水权管理的发展过程中,随着用水需求不断增加和用水竞争日趋激烈,逐步形成与市场经济体制相适应的水管理机制。水权制度改革的核心是建立可交易水权制度,具体包括水权初始分配制度和水权交易制度。作为市场条件下的水权管理,水权是建立水市场的基础,市场化是水交易的形式,水权制度是水权交易的保证,水权、市场化、水权制度三者互为条件,缺一不可。

①　张勇,常云昆. 国外水权管理制度综合比较研究[J]. 水利经济,2006(6):16.
②　周玉玺. 流域水资源产权的基本特征与我国水权制度建设研究[J]. 中国水利, 2003(6):16.
③　蒋剑勇,方守湖. 水权管理的国际比较与思考[J]. 水利发展研究,2003(7):18.

三、准市场模式

准市场模式指我国水权管理必须引入水权市场,既发挥市场机制配置资源的基础性作用,又发挥政府宏观调控作用以弥补市场失灵,两者相互协调、共同促进跨流域调水工程良性运行。

学者们指出,建立水权市场要考虑到水权制度惯性的影响。彭祥、胡和平认为,中外水权制度都有自身的历史演进过程,我国历史上一直采用公共水权制度,建立水权市场必须考虑这一历史状况。[①]常云昆对世界现存水权制度进行分析,指出滨岸权制度、优先占用制度和公共水权制度在不同发展阶段和社会条件下,都积极促进了经济绩效和管理效率的增长。但是在水资源稀缺日益严重的情况下,这些水权制度的不足更加突出。可交易水权制度既坚持政府宏观调控,又重视水权市场作用,把水资源开发利用的效率问题交给市场去解决。[②]

我国水权管理必须引入水权市场,学界围绕水权市场建设大体形成了五种有代表性的观点,即统一管理论、官督商办论、准市场论、纯市场论、自主治理论。[③]　其中,准市场理论在学术界产生了很大影响,胡鞍钢等针对我国水资源管理从"以需定供"到"以供定需"的变化,认为我国水市场应采取准市场形式,民主协商制度和利益补偿机制是水市场的辅助机制。[④]　胡鞍钢关于准市场的概念、汪恕诚关于中国建立准市场的原因分析为许多学者所接受。胡鞍钢认为,准市场意味着水资源开发利用要兼顾经济、生态等多种利益的需要,也要

---

① 彭祥,胡和平.水资源配置博弈论[M].北京:中国水利水电出版社,2007:27.
② 常云昆.黄河断流与黄河水权制度研究[M].北京:中国社会科学出版社,2001:52.
③ 沈满洪.水权交易制度研究　中国的案例分析[M].杭州:浙江大学出版社,2006:21.
④ 胡鞍钢,王亚华.转型期水资源配置的公共政策:准市场和政治民主协商[J].中国水利,2000(5):10.

兼顾不同地区之间多种利益的需要。[①] 汪恕诚强调了中国水市场是准市场的原因:水资源交换受时空等条件的限制;多种水功能中只有能发挥经济效益的部分才能进入市场;资源水价不可能完全由市场竞争来决定;不同地区、不同用户之间的差别很大,难以完全进行公平自由竞争。[②] 姜文来还提出了准市场条件下我国进行水权交易的一些措施。[③]

目前,准市场模式在全球范围内取得了空前成功,以市场为基础的"市场式政府"被视为未来政府治理的系统战略和可行模式之一。准市场模式正在取代传统模式,成为公共服务中的主导性制度安排。[④] "没有任何逻辑理由证明公共服务必须由政府官僚机构来提供",摆脱困境的最好出路是打破政府的垄断地位,建立公私机构之间的竞争。[⑤] 我国跨流域调水水权管理的准市场模式,通过"市场化"引入竞争压力、竞争动力和竞争机制,并发挥好政府的宏观调控作用,提高水权管理的绩效。

第四节　国内外研究现状

一、水权管理模式

国内学者在研究中提及了"水权管理模式",主要从分类上对其

---

① 胡鞍钢. 中国战略构想[M]. 杭州:浙江大学出版社,2002:183.
② 汪恕诚. 资源水利——人与自然和谐相处[M]. 北京:中国水利水电出版社,
　　2003:308.
③ 姜文来. 水资源管理学导论[M]. 北京:化学工业出版社,2004:124.
④ Lowery D. Answering the Public Choice Challenge: A Neoprogressive Research
　　Agenda[J]. Governance: An International Journal of Policy and Administration,
　　1999(12):1.
⑤ [俄]盖伊·彼得斯. 政府未来的治理模式[M]. 吴爱明,夏宏图,译. 北京:中国
　　人民大学出版社,2001:14.

认识和加以把握。国外学者没有涉及"水权管理模式"的概念,但事实上研究了"水权管理模式"有关问题。

1. 国内学者直接或间接认同"水权管理模式"的概念

一些学者在论述相关问题时提到了"水权管理模式",如指出"不同水资源水平和水资源体制,所采用的水权管理模式也不相同",[①]但没有涉及"水权管理模式"的概念、内涵等问题。沈满洪教授在《水资源经济学》中,对"水权管理模式"进行了明确分类,指出其包括国有水权管理模式、私人水权管理模式和社区水权管理模式。[②] 林关征博士在《水资源管制放松与水权制度》一书中,将"水权管理模式"分为国有产权管理模式、私人产权管理模式、社区产权管理模式。[③]他们直接认同"水权管理模式"的提法,并在研究中涉及到水权管理模式的分类问题。

另一些学者认为,实现水资源的优化配置,"水权管理是基本的水管理模式";[④]"水权制度是一种规范的、法制化的水管理模式"。[⑤]还有学者研究了水权配置模式等相关概念,如黄锡生教授将水权配置方式分为行政性配置和市场配置两种;[⑥]罗慧认为水权配置模式包括水权的行政计划配置模式、水权的市场配置模式。[⑦] 他们提到的是"水权管理"、"水管理模式"、"水权配置方式"、"水权配置模式"等,没有直接提及"水权管理模式",但间接认同了"水权管理模式"的

① 胡继连,葛颜祥,周玉玺. 水权市场与农用水资源配置研究:兼论水利设施产权及农田灌溉的组织制度[M]. 北京:农业出版社,2005:64.
② 沈满洪. 水资源经济学[M]. 北京:中国环境科学出版社,2008:12.
③ 林关征. 水资源管制放松与水权制度[M]. 北京:中国经济出版社,2007:175.
④ 杨立信. 国外调水工程[M]. 北京:中国水利水电出版社,2003:208.
⑤ 何冰,王延荣,高辉巧. 城市生态水利规划[M]. 北京:黄河水利出版社,2006:317.
⑥ 黄锡生. 水权制度研究[M]. 北京:科学出版社,2005:97.
⑦ 罗慧. 中国可持续发展条件下的水权交易机制研究[M]. 北京:气象出版社,2007:63.

存在。

2. 国外学者事实上展开了"水权管理模式"的研究

国外学者认为,水作为经济物品的观念,意味着水资源配置与决策应该建立在多行业、多利益、多目标分析的基础上,在更广泛的社会背景中进行,可以包括社会、经济、环境和道德等多方面的考虑。Perry、Rock 和 Seckler 认为,水作为一种基本需求和道德性物品,具有广泛的外部性,存在市场失灵和高交易成本。Armitage 等关注到水权市场的建立常常受到外部性抑制,认为如果水污染迅速增加,类似影响必须在水权交易过程中能够得到说明,并且受损的第三方必须得到一定补偿。[①] 水权利益、目标的多样性必须通过水权管理加以协调。

二、水权管理与水权制度

国内外学者普遍认为,水权制度是水权管理的重要内容,水权制度经历了不断演进的历史过程。

1. 我国正在经历水权制度的变迁

国内学者看到了水权制度变迁及其带来的影响。

(1)不同的水权制度会生成不同的管理模式。林关征指出:"水权制度是影响水资源配置效率和经济绩效的重要变量,建立不同的水权制度,会形成不同的管理模式,从而内生出不同的激励机制和不同的行为方式,最终导致不同的水资源管理效率。"[②]有学者还看到,不同水权管理模式会对水权制度作出选择,以排斥与之不相适应的

---

① Armitage R M, Nieuwoudt W L, Backeberg G R. Establishing tradable water rights: case studies of two irrigation districts in South Africa[J]. Water Resources Research,1999(3):301.

② 常云昆. 黄河断流与黄河水权制度研究[M].北京:中国社会科学出版社,2001:56.

水权制度。①

(2)我国传统公共水权制度必须变革。胡鞍钢、王亚华运用新制度经济学方法,对改革开放以来的水权制度变迁进行研究,指出我国正在从基于行政手段的共有制度开始水权制度改革,逐步提高共有产权的排他性,水资源管理必须明晰水权、引入水权市场。② 常云昆研究了黄河水权制度的历史变迁,提出了黄河水权制度创新的制度安排。他认为在坚持公有水权的基础上,清晰界定黄河水资源经营权、使用权以及排他性配水量权是黄河水资源市场形成的前提条件。通过水权制度的革新,能够形成节约用水的激励机制和避免浪费水的约束机制,提高黄河水资源利用效率和配置效率。③

2. 国外水权制度经历了不断演进的历史过程

国外学者普遍认同将可交易水权制度用于水权管理。

(1)可交易水权制度反映了世界水资源管理的发展方向。学者们在研究中指出:从根本上说,水权制度不外乎滨岸权制度和优先占用权制度,滨岸权制度主要适用于水资源供给比较充裕的地区,优先占用权制度更有利于解决水资源稀缺问题。滨岸权制度是最早的水权制度,它在 1804 年拿破仑法典中就以制度形式被确认下来。④ 该制度以私有产权为基础,将水资源纳入土地权属中,由于水权被禁锢在土地所有权之中,水权转移变得异常困难。优先占用水权制度存在着高级水权用户用水效率不高,而未取得水权者及低等级水权无

① 徐征和,赵琳,邢立婷. 胶东半岛农业水资源现代管理技术[M]. 北京:黄河水利出版社,2008:132.

② 胡鞍钢,王亚华. 我国水权制度的变迁——新制度经济学对东阳—义乌水权交易的考察[J]. 经济研究参考,2002(20):25.

③ 常云昆. 论水资源管理方式的根本转变[J]. 陕西师范大学学报(社会科学版),2005(4):96.

④ Mather,John Rrssel. Water Resources Development[J]. Water Resources Research,1984(1):276.

水可用的困境。[①] 近年来,很多学者认为水权制度正在向可交易水权制度转变。Wurbs 等认为,由于目前世界各国都面临水资源短缺问题,以及污染和环境对水的需求等因素,可交易水权将成为水权分配制度的重要选择。[②] 可交易水权理论被广泛认同和接受。

(2)水权制度变迁的主线是提高水资源配置的经济绩效和管理绩效。学者们认为,水资源是有偿的、有限的,必须提高水资源使用效率,因而应该将可交易水权制度用于水权管理,允许优先占有水权者在市场上出售富余水量。[③] 既坚持政府的宏观调控作用,又充分发挥水权市场的作用,实现水资源节约与优化配置。Mateent 等研究了水资源的公共物品属性,指出为适应不同国家和地区的经济、社会、文化传统、自然条件,建立水权市场的方式有多种选择。[④] Howe 等分析了制度安排、经济环境以及水权界定的具体形式对水权市场的影响。[⑤] Donna 以澳大利亚为例,总结了建设水权市场的一些经验。[⑥]

①　Huffaker,Retal. The Role of Prior AP Pro Priationinal Locating Water Resources into the 21 Century[J]. Water Resources Development,2000(2):287.

②　Wurb R A. Texas Water Availability Modeling System[J]. Journal of Water Resources Planning and Management,2005(4):270.

③　Hamilton J, Whittlesey. Interruptible Water Markets in the Pacific Northwest [J]. American Journal of Agricultural Economics,1989(1):43.

④　Mateent. Tradable Property Rights to Water:How to Improve Use and Resolve Water Conflicts[J]. Public Policy for the Private Sector,1995(3):34.

⑤　Howe C W, Christopher G. Water Transfers and their Impacts:Lessons from Three Colorado Water Markets[J]. Journal of the American Water Resources Association,2003(5):1 055.

⑥　Donna B. Water Policy Reform in Australia. Lessons from the Victorian Seasonal Water Market[J]. The Australian Journal of Agricultural and Resource Economics,2005(5):403.

三、跨流域调水水权管理

国内外学者并没有专门研究"跨流域调水水权管理模式"问题，也没有提出"跨流域调水水权管理准市场模式"的命题，但注意到了"跨流域调水"、"水权管理"、"准市场"之间的关联。

1. 跨流域调水水权市场的建设迫在眉睫

国内学者认为，"加强水权管理是用好外调水的关键"，[①]主要观点如下。

（1）水权市场能够实现跨流域调水资源的优化配置、带来明显用水效率。一直以来，我国跨流域调水工程由中央或上级行政部门主导实施，对区域之间的水资源配置实行行政划拨。但在市场经济条件下，运用行政手段进行跨流域调水管理的有效性越来越差。跨流域调水"水资源配置关系复杂，涉及范围广，行政协调难度大且时间长"，[②]通过行政手段完成调水资源的配置已经出现了诸多弊端。[③]我国应该建立跨流域调水水权市场，通过水权交易市场实现水资源的优化配置，促进水资源节约和效用最大化。[④]

（2）跨流域调水水权市场运作更多依赖国家宏观调控以及政策法律的支持与规范。[⑤]水权市场运用于跨流域调水管理，可以形成更高的水资源利用效率，但由于管理目标和各种利益关系的复杂性，决定了"政府在跨流域调水中的主导作用"，[⑥]以平衡跨流域调水资

---

① 刘斌，朱尔明．试论南水北调工程与水权制度[J]．中国水利，2002(1)：47．

② 王吉勇．和谐建设和管理跨流域调水工程[J]．水利发展研究，2007(12)：12．

③ 才惠莲．我国跨流域调水水环境安全的法律保护[J]．武汉理工大学学报（社会科学版），2010(2)：12．

④ 章群，张义佼．跨流域调水之水权制度探析[J]．生态经济，2007(10)：127．

⑤ 杨立信．国外调水工程[M]．北京：中国水利水电出版社，2003：194．

⑥ 才惠莲．美国跨流域调水立法及其对我国的启示[J]．武汉理工大学学报（社会科学版），2009(2)：68．

源开发效率与公平的相互关系问题。汪恕诚在研究水资源优化配置问题时,涉及到对南水北调工程水权管理、准市场运作的思想,将跨流域调水管理与准市场问题联系起来。[1]

(3)跨流域调水水权管理应该有可行的对策。刘洪先参照水权基本理论,从市场经济体制、水资源状况和工程实际出发,提出了南水北调工程水权分配的基本思路。[2] 黄薇等提出了跨流域调水初始水权分配方法、水市场的三级结构,形成了相关建议。[3]

(4)通过量化研究方法寻求跨流域调水水权管理的对策。我国学者在利用博弈论、决策支持系统、智能算法等分析水资源配置及其冲突方面取得了重要成果。博弈论的观点和方法,在我国学者中引起了高度关注。李浩、李晓凯、尹云松、陈志松、刘妍、夏朋、李长杰、李良序、王庆、冯文琦等,具体研究了中国水资源管理的博弈特征,对水权市场交易、[4]流域水资源配置、[5]区域水资源配置[6]展开了博弈分析。吴丽等研究了区域外调水水权分配模型及应用问题,[7]李红艳展开了基于模糊决策的调水水权初始分配研究。[8]

[1] 汪恕诚.水权和水市场——谈实现水资源优化配置的经济手段[J].中国水利,2000(11):6.
[2] 刘洪先.水权理论与南水北调工程水权分配[J].人民黄河,2002(3):17.
[3] 黄薇.跨流域调水水权分配与水市场运行机制初步探讨[J].长江科学院院报,2006(1):50.
[4] 李长杰,王先甲,范文涛.水权交易机制及博弈模型研究[J].系统工程理论与实践,2007(5):90.
[5] 陈志松,王慧敏,仇蕾,等.流域水资源配置中的演化博弈分析[J].中国管理科学,2008(6):177.
[6] 罗利民,谢能刚,仲跃,等.区域水资源合理配置的多目标博弈决策研究[J].河海大学学报,2007(1):72.
[7] 吴丽,何斌,周惠成,等.区域外调水水权分配模型及应用进展[J].水利水电科技,2009(4):16.
[8] 李红艳.基于模糊决策的调水水权初始分配研究[J].统计与决策,2009(20):40.

2. 政府在跨流域调水水权市场建设中具有重要作用

国外学者指出了水权市场的重要作用,认为水权市场的发展与水权管理密不可分。

(1)水权市场是跨流域调水资源有效配置的重要手段。水是一种经济物品,通过水权市场的运作,水变成了金钱。自从 1992 年都柏林会议提出应该把水作为一种经济物品之后,这种新的用水观念被学者们广泛接受。Howe 认为,水除了直接由人们消费外,还是一种重要的生产要素,在更广泛的意义上,水是稀缺的,那种不可交易的水权分配体系将导致僵化、不灵活和低效率的水资源配置。[①] Rosegrant 等分析说,与官僚政治控制、分配水资源相比,市场交易实现了水的利用从低价值向高价值转移。[②] Cummings 等也认为:市场以灵活的方式将水配置到最高价值的使用,提高了分配效率。[③] Howe 等对科罗拉多流域进行考察,指出了美国跨州和州内水权市场的优势与不足,分析了制度安排、经济环境以及水权界定等因素对水权市场的影响。[④]

(2)恰当的水权交易组织制度对于水权市场发展具有重要作用。Jercich 等关注了美国加利福尼亚州北水南调工程水银行的运转。

① Howe C W,Schurmeier D R,Shaw W D. Innovative Approaches to Water Allocation: the Potential for Water Markets[J]. Water Resources Research,1986(4): 439.

② Rosegrant M W,Binswanger H P. Markets in Tradable Water Rights: Potential for Efficiency Gains in Developing Country Water Resource Allocation[J]. World Development,1994(11):1 613.

③ Cummings R G,Nercissiantz V. The Use of Water Pricing as a Means for Enhancing Water Use Efficiency in Irrigation: Case Studies in Mexico and the United States[J]. National Resource Journal,1992(32):731.

④ Howe C W,Christopher G. Water Transfers and their Impacts: Lessons from Three Colorado Water Markets[J]. Journal of the American Water Resources Association,2003(5):1 055.

它以调水工程设施为依托,以水银行为水权交易的媒介,通过用水户间的水权交易实现有限水资源的合理再分配,实现了水从低价值领域转向高价值领域的利用,这种做法很快被推广到其他国家和地区。①

(3)跨流域调水水权市场的发展与政府的管理密不可分。Brad D Newlin 等认为,政府不仅在发起水权交易之时起到重要作用,而且在加快调水、保证水资源和水环境安全、减少交易费用等诸多方面,政府都起了实质性作用。② 政府的管理还体现在生态环境保护与治理方面,如政府在颁发的水权许可中通过附加取水条件或水资源保护要求,可以保证河流中的水量能够维持其基本的生态条件。③

第五节 国外水权管理的实践

当前,水权管理体现了各国政府实施可持续发展的水事务管理及政策主张。各国致力于应对全球水短缺问题,建设水权市场,促进水资源合理开发利用。美国、澳大利亚、加拿大、墨西哥、印度等许多国家都积极深化水权市场的实践,形成与本国国情互相适应的水权管理体系与政策。尤其是美国、澳大利亚在水权管理方面的经验,有助于我国跨流域调水水权管理理论与实践的发展。

① Jercich S A. California's 1995 Water Bank Program: Purchasing Water Supply Options[J]. Journal of Water Resources Planning&Management 1997(2):59.

② Brad D Newlin, Marionw Jenkin. Southern California Water Markets: Potential and Limitations[J]. Journal of Water Resources Planning and Management,2002 (3):38.

③ Peter N. Davis. Eastern Water Diversion Permit Statutes:Precedents for Missouri [M]. Montana:L. Rev. 1982:436.

一、美国的水权管理

美国自 19 世纪开始至今已建成跨流域调水工程近 20 项,总调水量超过 300 亿 m³,距离较长的美国加利福尼亚北水南调工程,输水线路长 900 千米,调水总扬程 1 151m,年调水量 52 亿 m³。中央河谷工程于 1937 年 10 月开工建设,1940 年 8 月首次通水。此外,科罗拉多工程、中央犹他工程等,都是美国有名的跨流域调水工程。

美国联邦和各州政府负责跨流域调水工程建设,并对调水工程的运行加以管理。水资源委员会、田纳西流域管理局、垦务局和陆军工程师兵团具体实施区域内跨流域调水工程的规划建设、运行和管理,管理体制上并没有设立统一的水资源管理机构。

美国跨流域调水实行市场化管理,水权管理依靠专门的调度模型加以展开,满足用水户对跨流域调水的需求。作为市场经济高度发达的国家,美国跨流域调水工程融资、建设和供求都有偿进行。加利福尼亚州调水资源的配置采用了水银行的运作。水银行是调水工程水资源再分配的机制,进入水银行的成员有严格限制,用水户被要求按规定的范围和用途使用水,禁止购买超出定额的需水量。为保证水权交易不对人体健康、生态环境造成负面影响,州政府专门制定了有利于水权交易展开的法律法规。水权在各种不同用途间交换,促进了水资源高效利用与优化配置。

在美国西部,灌溉公司或灌溉协会对水权交易起到重要作用。农户通过灌溉公司获得取水权,或取得流域上游的蓄水权。灌溉期间,水权管理者将水量依法输送给农户,水权运作就好像银行中的存取款业务。

水权咨询公司也发挥着十分重要的作用,它为美国水权交易提供全面、详细的服务,具有很高的信誉与地位。具体服务内容有:对申请水权的材料给予鉴定,进行特定水权的调查与报告,作水权规划、合成地图,对水权真实价值展开评估,对灌区水权进行审查。例如,怀俄明水权咨询服务公司是一个专职经营水权管理的服务公司,该公司在进行水权转让过程中可为委托人的水权占有量以及水权的有益利用提供专家证词,并对水权有关档案材料进行鉴定,完成详细的水权调查报告等业务,方便了水权的转让。[①]

二、澳大利亚的水权管理

澳大利亚跨流域调水工程主要是雪山工程、西澳大利亚金矿区管道工程,昆士兰州里德调水工程、布莱德菲尔德工程正在计划中。雪山工程是世界上著名的跨流域调水工程,该工程位于澳大利亚南阿尔卑斯山脉,通过对雪山河流筑坝将水转移到大分水岭西部墨累河流域。它是一个综合用水和水力发电工程,解决了澳大利亚大量电力需求,支持了灌溉农业的扩展。雪山工程于 1949 年开工建设,全部工程于 1974 年竣工。

澳大利亚跨流域调水管理中,水权初始分配有很好的综合规划系统,在整个调水过程中政府都充分发挥自己的职能。调水资源在联邦政府协调下由各州达成协议,结合各州对水资源的使用情况来确定分配。在跨流域调水的水权交易上,交易应符合河流管理规划以及其他相关资源管理规划和政策。调水区直接对受水区进行水权交易,各州以及联邦政府在管理者和规划者的宏观层面进行协调和指导,形成各级政府监督指导下的跨流域调水水权交易市场。联邦政府作为调水资源的管理者,有责任制定和管理具体的政策框架,在跨流域调水水权交易中起着非常重要的作用。

雪山调水工程的管理机构是墨累—达令河流域委员会,它有权决定跨流域调水沿线水量分配方案,负责调水工程管理和调度,监督用水户按照规定取水和用水,协调、处理工程沿线水权纠纷,制定水资源管理政策法规。2002 年,雪山工程管理局更名为雪山水利有限

---

① 刘洪先. 国外水权管理特点辨析[J]. 水利发展研究,2002(6):2.

公司。该公司为新南威尔士州、维多利亚州和联邦政府共有,在联邦政府的监督指导下经营水和管理水,通过提供水商品服务,自主经营,自负盈亏,体现了市场化运作的特色。

在雪山工程运行管理过程中,为充分发挥跨流域调水工程的效益,政府出台了系列生态环境保护政策。具体内容有:①控制农业、畜牧业用水的增加。农业、畜牧业对水量的消耗非常大,排出的废水往往还把化肥、农药和盐分等带到下游地区。鉴于这种状况,州政府已经不再颁发新的农业、畜牧业取水权。由于雪山工程沿线生态环境保护的呼声不断高涨,政府还试图提高水价,通过较高的水价抑制水资源浪费和环境污染的现象,保障跨流域调水水质和水量的安全。②开辟国家公园。雪山调水工程沿线有很多水库,政府不但积极促进水库清淤工作的顺利进行,也切实加强对水源区的生态环境保护。为保护雪山调水工程水源区,水源区被纳入国家公园保护计划。国家公园内除旅游者观光外,不允许其他产业的发展。出于保护植被的目的,旅游者被要求在专门的道路上行走。③加强水质保护。为预防蓝藻爆发、农田污水进入河流,澳大利亚不断完善水质保护的具体措施。如在调水工程沿岸修筑用于拦截的防护版,防止枯草、落叶和垃圾进入水道。为强化水质保护的效果,各州把污水处理设施建设与调水量捆绑在一起,污水处理效果好的地区在供水上享有优惠。④防治土壤的盐碱化。跨流域调水人为改变了原有地质构造,随着调水工程的运行,大大增加了沿途地下水补给,也导致高盐分地下水水位上升,调水沿线树木、植被和土地都受到不同程度的盐碱化威胁,城市建筑和基础设施受侵蚀现象严重,含盐水流入河道、造成水源污染。针对这种状况,政府开始控制用水量,积极鼓励灌溉技术的创新。

三、美国、澳大利亚水权管理的经验

美国、澳大利亚不断完善水权制度,积极促进水权市场建设。但是,为保证水权交易的有序进行,政府明显加强了水权管理,确保经济用水和生态用水的安全。

1. 积极开展水权市场建设

美国很早就存在水权和水权交易制度,并在跨流域调水实践中加以广泛运用。1922 年,《科罗拉多河协议》形成了水权分配方案。根据记载,下游的加利福尼亚州、内华达州和亚利桑那州总共获得了750 万英亩英尺的用水权。1928 年,《波尔得峡谷工程法》再次进行了水权分割,其中加利福尼亚州获得 440 万英亩英尺水权。加利福尼亚州于 1931 年通过《七边优先权协定》,继续分割自己的水权份额。20 世纪 90 年代末期,联邦政府颁布《科罗拉多河规则》,又一次规定了加利福尼亚州水权限额,促使在 2002 年该州同意购买帝国灌区 160 万英亩英尺水量,并且以更高的价格出售给加利福尼亚州南部。

美国西部地区干旱缺雨,各州在确立水权私有制的基础上,都认可水权是财产权,而且是独立于土地权利之外的财产权。加利福尼亚州水法明确规定,水资源为州所有、是该州全体人民共同的财产,州政府根据公共信托理论对水资源进行管理。政府、企业等都可以参加水资源管理、开发和利用,并且分工合作、相互协调。取得水资源应依法交纳水资源费,水费由州政府指定的部门收取。水权交易主体交纳水费,按照相关要求办理手续,就可以进入水权交易市场从事水权的买卖。加利福尼亚州依靠水银行完成水权交易,优化跨流域调水资源的配置。水银行根据年度、季节来水状况制定水权交易策略,在充分把握用水水量余缺信息的基础上,充当水权交易的媒介,将年度可调水量分为若干份额,采用股份制方式加以管理。存在水权结余的用户可以转让水权,从中获得相应经济利益;缺水用户可以投资购买水权,获得可供利用的水量。水银行促进了水权市场的运作,水权价格唤醒了用水户节水意识,激发了用水户节水的自觉性、主动性,促进了水权流转及水资源合理再分配。在加利福尼亚州,"1991年,45天内水银行竟买到了10亿 m³ 的水,其买入价为10美分/m³,卖出价是14美分/m³。"[①]水银行是水权交易新的形式,创新了市场化水权管理的具体方式。

在澳大利亚,水资源被明确规定为公共资源,法律规定水权与土地权利相分离,由州政府所有,州政府负责管理和分配水权。20世纪80年代,由于水资源稀缺日益严重,可以分配的水量日渐匮乏,一些地区事实上已经不存在可用于分配的水量,用水户从政府那里申请新水权变得不再可能,只有依靠水权市场获得所需要的用水量。1995年以后,维多利亚州北部出现了水权的拍卖,州政府不再受理新水权的申请,需要水权的用户到水权市场中获得。水权交易形式可以不同,如临时的或永久的水权交易;州内的或跨州的水权交易;部分的或全部的水权交易。目前,澳大利亚水权交易已经在各州推行,水权市场逐步成熟,交易额不断攀升,水权管理制度日益完善,水资源配置效率大大提高。

2. 强化政府对跨流域调水的管理

美、澳等许多国家都十分重视政府对跨流域调水工程的管理,从工程投资建设、管理机构与职责、水量分配到监督协调机制等,都出台相应的法律法规加强管理,并切实保证执法的有效性。美国跨流域调水工程的建设规划,要得到联邦或州立法机构批准,批准后必须按规划实施,不得随意更改。调水工程投资、建设和运行的全过程都受到严格管理与规范。美国许多州起草了跨流域调水法,跨流域调水都是按本州现有的允许程度提出的。

在美国水权市场建设的过程中,政府对水量分配、水权交易范围等作出了明确规定,为跨流域调水沿线水权交易提供了强有力的法律保障。由于调水水权交易涉及到许多非常复杂的问题,常常需要

---

① 李可可,邵自平. 美国西部水权管理制度及启示[J]. 中国水利,2004(6):66.

公私各方反复协商,为提高协商效率,协议往往采取联邦或州立法的形式,确保各方能够迅速达成协议并坚决贯彻执行。① 与此同时,政府通过宏观调控,推进水权市场发展。水银行大多是由政府发起的,政府掌握水银行中一定份额水资源,运用市场机制调剂水量余缺,实现水资源优化配置。在加利福尼亚州,水银行成功应对了干旱带来的缺水问题。通过水权交易,使水资源流动到最为需要水的地区,解决了该州水资源短缺问题。政府在跨流域调水工程建设的资金保障方面也起到了重要作用,一方面,政府通过拨款和提供低息贷款加强资金保障;另一方面,政府通过发行债券拓宽资金筹集渠道,这是美国跨流域调水工程建设资金筹集的重要方式,购买这种债券还可享有免税的权利。美国政府在调水工程资金筹集上有许多政策优惠与保障,是跨流域调水工程建设和管理顺利进行的重要原因。

澳大利亚还通过信息化建设加强水权管理。雪山工程全部工程系统实现现场无人值守,通过在调水工程中广泛应用水资源信息监控与数据采集计算机自动化技术,把现场实测信息传达到监控中心,并把市场运作系统与工程监控管理系统相联接,对全部工程实行计算机监控与运行管理。现代化的调水工程调度管理体系,不仅有利于随时掌握工程运行状况,而且减少了运营成本。

3. 重视跨流域调水的生态环境保护

跨流域调水工程既是重要的水利工程,又是非常复杂的生态系统工程。美国政府非常重视跨流域调水管理中的生态环境保护问题,为预防和修正跨流域调水带来的不良影响,颁布了《中央河谷工程改良法案》、《苏森湿地保护与恢复法案》等一系列法律法规,提升了生态环境保护的地位,使拯救鱼类、野生动物的生存环境与发电任务同等重要。

---

① [美]塔洛克.水(权)转让或转移:实现水资源可持续利用之路——美国视角[J].胡德胜,译.环球法律评论,2006(6):767.

　　美国加利福尼亚州 1991 年修订水法,突出了保护生态环境的内容:加强湿地保护;保护鱼类、野生生物的生存环境;保持水质;满足人们对水上娱乐的需求。如果水权是合法交易而获得的,自然人、法人都可以持有生态水权。任何新的水权需要获得批准时,水权管理部门便通知渔业部门,由该机构先考虑是否预留生态水权或满足水上娱乐需求的问题。[①] 水权管理部门结合渔业部门意见,最终决定是否颁发水权,或在水权许可时附加生态用水和娱乐用水要求。[②]

　　在澳大利亚,生态环境用水得到优先保障。无论何种形式的水权交易,都以对水资源承载力、水环境承载力影响最小为前提。跨流域调水工程从规划、建设到运行,不惜投入大量人力、物力和财力,对调水工程进行环境影响评价与分析,找到行之有效的解决方案,预防跨流域调水产生的负面影响,以求达到调水工程环境保护的满意效果。

---

① 王小军. 加利福尼亚州水权制度[J]. 南水北调与水利科技,2008(3):110.
② 张郁,吕东辉. 以美国加州为例分析建立南水北调工程"水银行"的可行性[J]. 南水北调与水利科技,2007(1):27.

第二章　跨流域调水水权管理
准市场模式的理论基础

第一节　混合经济理论

一、混合经济的主要含义

虽然混合经济思想早已有之,但混合经济理论的产生得益于国家垄断资本主义的发展,在 20 世纪 30 年代罗斯福新政时期正式形成。这一时期,政府干预明显加强,国家在经济生活中的作用不断提高。混合经济理论的早期代表有汉森、克拉克等。"二战"以后,这一理论的积极拥护者包括萨缪尔逊、加尔布雷思等一批经济学家。美国著名经济学家萨缪尔逊在其《经济学》一书中指出:美国经济是一种"混合经济",国家机关和私人机关都实行经济控制,表现为"政府和私人企业的混合制度"。加尔布雷思则认为,现代美国社会由"计划系统"和"市场系统"所组成,当代资本主义不是单一模式,而是"二元系统"模式。许多"福利国家"论者都认为混合经济有很大的优越性,私营经济关心利润,公营经济关心社会福利,二者的效率互有高低,它们通过竞争,提高生产效率,充分利用生产资源,实现经济稳定和增长。20 世纪 70 年代末至 80 年代初,"混合经济"理论受到了来自左的或右的批评。由于凯恩斯国家干预理论的长期推行,资本主义国家经济发展出现了经济停滞、高通货膨胀、高失业率并存的"滞胀"局面。1973—1983 年,发达资本主义国家国内生产总值的年均增长率仅为 2.4%,到 1983 年,经合组织全体成员国的失业率已高达 8.8%。[①] 一些西方国家开始反思国家干预政策,并相应地采取了一些放松干预的措施。但是,进入 20 世纪 90 年代以后,在注重发挥市场功能的前提下,国家干预措施又有所增强。人们将现代西方各国的经济发展模式称之为"混合经济",用以表示市场制度和国家干预相辅相成、互为补充。在这种混合经济模式中,国家干预经济的理论和经济政策发生了重大变化,国家干预经济的立法日趋成熟。[②]

萨缪尔森在研究中写道,资本主义已经演变为具有公私两方面控制权的混合经济。他甚至认为,社会主义也正在演变为混合经济,只要是实行国有化,又利用价值规律,并采用价格制度的,都是混合经济。"有意思的是,某些社会主义者企图继续使用价格机制作为它们新社会的一部分。"在萨缪尔森看来,混合经济是一个中性概念,资本主义从右到左,社会主义则是从左到右演变为混合经济。萨缪尔森认为混合经济不仅是政府和私人企业的混合,还是垄断和竞争的混合,当代的混合经济又呈现出多种产权融合在一个企业中。他严肃地批评了自由放任的理论,认为"看不见的手"固然是有价值的见地,但经过两个世纪的实践检验,我们必须清楚认识到它的局限性。从宏观上说,混合经济是市场失灵和政府失灵的双重后果,导致了"看得见的手"与"看不见的手"结合,共同对经济进行控制。在一个经济社会中,既有私有经济,又有公有经济,既有市场调控,又有计划调控。其目的是实现社会效益与社会福利整体上的帕累托最优状态。从微观上看,它是不同的投资主体,包括政府、企业和自然人,通过资本联合或经营联合而形成一种新型所有制形式,也是一种产权组合形式,通常表现为股份制、合资、合作、合营等方式,其目的是通过不同生产要素的有机结合,提高企业竞争力。混合经济包括三层含义:①所有制上的公私混合,即混合所有制。由单一、原生的所有

① 叶灼新,李毅. 新编世界经济史(下)[M]. 北京:中国国际广播出版社,1997:5.

② 种明钊. 国家干预法治化研究[M]. 北京:法律出版社,2009:69.

制在一个经济系统内部结合,即混合而形成复合、次生的所有制形式,是一种新的经济成分。②"混合的经济体制",即经济运行机制或社会资源配置方式上的混合。经济机制既非纯粹市场经济,更非传统计划经济,是一种市场和计划机制混合起作用的机制。③"混合的社会经济制度"。瑞典经济学家林德贝克认为"混合经济制度的主要特征是,在所有制方面实行公私混合,在经济运行机制方面实行所谓计划与市场有机结合"。①

二、混合经济的实质

1. 西方国家关于混合经济实质的认识

世界上还从未有过纯粹依靠市场或纯粹依靠政府运行的经济机制。阿尔文·汉森指出:19世纪末期以来,西方经济已经不是纯粹的私人经济,而是双重经济。即使在最为崇尚市场的国家里,人们也可以看到政府的积极作用;而在高度集中的计划经济中,在某些生产或消费领域仍然保留着个人决策权。尽管在现实中,市场机制和政府机制都不是完美的,但它们又不可或缺,两者都是经济正常运行的必要组成部分。从这个意义上说,现代社会所有的经济都是混合经济。②

西方发达国家混合经济的路径有两条:一是基于单一私人所有制经济向混合经济转变。1944—1946年,法国对煤炭、电力和运输部门,以及法兰西银行和四家全国性大商业银行实行国有化。20世纪80年代初,法国再度实施国有化,国有化的企业不仅涉及基础部门,而且还扩大到某些竞争性很强的尖端工业部门,如达索飞机公司等。二是基于市场失灵而进行。让·拉费、雅克·勒卡莱在《混合经济》一书中指出:"混合经济的根本思想,就是必须有一个强有力的国

---

① [美]保罗·萨缪尔森,威廉·诺德豪斯. 经济学[M]. 北京:华夏出版社,1999:5.
② 黄恒学. 公共经济学[M]. 北京:北京大学出版社,2009:48.

家及其计划机制实施市场调控和监督,从而对市场缺陷进行纠正和救治。"①反映了西方国家混合经济理论的实质性想法。

2. 我国对混合经济实质的描述

我国学术界对混合经济理论的研究起步较晚,但相关实践早就存在。黄恒学教授将我国混合经济发展分为四个阶段:一是 20 世纪 50 年代初期,这是国民经济恢复的时期,公、私有经济并存。二是 20 世纪 50 年代中期到 70 年代末期,这是"让一切私有制绝种"的纯公有制经济时期。三是 20 世纪 70 年代末期至 90 年代中期,这一时期"公有经济为主体,个体、私营经济作补充",所有制结构初步调整。四是 1997 年至今,这是公有制为主体、多种所有制经济共同发展的混合所有制经济时期。混合经济与中国当代的经济改革目标,就是要建立"社会主义市场经济",而"社会主义市场经济",实质上就是混合经济。②

我国混合经济理论的实质性特征是:探讨引入市场经济的合理性,以及市场机制运行的方式和途径。与西方国家不同,西方国家由单一私人所有制经济向混合所有制经济转变,而我国则是由单一国家公有制经济向混合经济转变。基于不同的经济改革思路所致,我国混合经济要强化市场机制的作用,而西方国家干预则是基于对市场竞争的调节。

2003 年,我国颁布了《关于完善社会主义市场经济体制若干问题的决定》,指出要大力发展混合所有制经济,实现投资主体多元化,使股份制成为社会主义公有制的实现形式。这一思想强调了三方面内容:①不同资本的混合,而不仅仅是所有制的混合。与所有制的混合不同,资本混合多指企业内部不同形态的资本在量上的聚集与融合。所有制混合针对所有制的不同。②混合所有制经济是我国所有制的基本形式。混合所有制经济包括国有经济、非公有经济,也包括

① [法]让·拉费,雅克·勒卡莱. 混合经济[M].北京:时事出版社,2001:19.
② 黄恒学. 公共经济学[M].北京:北京大学出版社,2009:49.

不同形式公有经济混合。③股份制是混合经济,但混合经济不一定
是股份制,还可以包括合资企业等其他形式。

三、跨流域调水管理的市场化

萨缪尔森指出,政府失灵就是政府行为已经不能有助于增进和
改善效率,原有收入分配机制出现了明显缺陷。跨流域调水工程是
从国家全局需要出发安排的重大生产力布局,政府对调水工程设计、
建设、运营及资金使用等进行监督管理;协调调水沿线区域之间的矛
盾;保证水资源配置过程及结果的公平性;保护生态系统平衡、保护
自然资源与环境。但是,我国跨流域调水工程长期处在计划指令下
运行,工程完全由国家投资展开建设,资产收益当然归国家所有。水
资源管理部门接受政府委托管理跨流域调水工程,但他们并不关心
调水工程的盈亏。对水资源管理部门而言,调水工程管理缺乏激励
机制,因而管理懈怠、缺少积极性,造成调水工程管网老化、年久失
修,无法按设计规模正常运行并发挥其最佳效益。一直以来,水资源
管理部门内部事企不分,水管单位除了承担防洪、排涝等公益性任务
外,还承担供水、发电等经营性任务,许多水资源管理部门既无法享
有合理的财政补贴,内部经济实体又名不正言不顺,水资源管理部门
内部政企不分、机构混乱、人员复杂,难以沟通协调,跨流域调水工程
运行和管理的成本很难控制。由于管理体制不合理,职能不明确、权
责关系不清楚,调水工程管理的责任无法层层落实,既影响了工程运
行管理质量,又不利于水管单位经济效益提高。信息不对称也影响
了政府行动效率。在跨流域调水工程管理过程中,上级水资源管理
部门通过下级部门了解用水、需水信息,下级管理部门从自身利益出
发,提供的信息总是最大化自身利益,上级水管部门最终难以获取
有关真实信息,也无法实现管理效益的最大化。

我国跨流域调水水权管理政府失灵的现象已经相当明显,引入
水权市场、完善市场机制,才有可能使跨流域调水工程按照系列市场

规则,选择专业队伍进行工程设计、施工、监理,提高工程质量、节约工程造价、保证工期;意味着我国跨流域调水管理可以通过建立现代企业制度,从根本上理顺产权关系及相应权责关系,形成"利益共享、风险共担"的管理机制,在出资人之间、供水企业之间、供水企业与外部经济之间建立明确联系,使产权明晰、经营自主,保证跨流域调水工程良性运行。

第二节　公共物品理论

一、公共物品及其供给

公共物品理论的创始人是威克塞尔、林达尔。威克塞尔指出:基于边际效用理论,公共物品应在每个个体都能接受的条件下展开分析。林达尔探讨了公共物品的有效供给问题,提出了"威克塞尔-林达尔均衡",他认为公共物品的价格并非只能由政府决定;相反,每个个体也都可以按照自己的意愿确定价格,并根据这种价格决定购买公共物品的数量。在处于均衡状态的时候,公共物品价格使每个个体需要的公共物品数量相同,并与全社会应该提供的公共物品数量保持一致水平。因为,公共物品的总量被全部购买并完全消费,意味着公共物品总量价格恰好是每个个体支付价格的总和。实现林达尔均衡的前提条件,是所有人都服从公共物品总量安排并同意对成本的分摊,这在现实生活中难以实现。但是,林达尔均衡使人们对公共产品的供给水平问题取得了一致。实践中,人们对公共物品及其供给问题有一个认识的过程。

1. 公共物品的政府供给

萨缪尔森在 1954 年《公共支出的纯粹理论》一文中指出,公共物品是每个人对这种物品的消费,并不能减少其他任何人也消费该物品。公共物品最基本的特性是非竞争性和非排他性。非竞争性指消费者对公共物品的任何消费不会影响其他消费者的消费,非排他性指某一物品消费过程中,物品提供者无法有意将某些消费者排除在外。在对效率问题进行分析的时候,公共物品与私人物品的区别在于,私人物品的消费总是寄希望于实现帕累托最优,公共物品则要求所有提供者的边际替代率之和等于价格比率。私人物品可以通过市场被有效率地提供出来,公共物品常常要求集体行动,需要由市场以外的政府组织和非营利组织提供,具有效用的不可分割性。公共物品的重要特点是,对其消费不可能把其他个体排除在外,任何人对公共物品的消费也不会影响到其他人同时消费。萨缪尔森等福利经济学家提出,鉴于公共物品的非排他性、非竞争性,以市场方式来提供公共物品变得不可能或成本相当高,而且缺乏规模经济意义上的效率结果,相对私人提供公共物品来说,政府提供公共物品的效率更高、更显著。但是,随着"政府失灵"的出现,"仁慈政府"的假设被逐渐打破,政府作为公共物品唯一供给者的合理性受到怀疑。

人们发现,萨缪尔森的分析事实上是两种极端的情况。最初的理论突破来自布坎南,他认为公共物品不仅包括纯公共物品,也包括"公共性"程度从0～100的其他商品或服务,现实生活中大部分物品属于介于两者之间的准公共物品,公共物品区分为纯公共物品和俱乐部物品。① 而 Sandler 和 Tschirhart 在萨缪尔森私人消费向量的基础上,将公共物品变量修正为俱乐部物品变量,居民消费物品由纯公共物品和纯私人物品的组合转变为纯私人物品和俱乐部物品的组合。② 在公共物品供给理论方面,长期以来的观点是,公共物品应该由政府供给,私人无法避免搭便车问题。尤其是西方福利经济学围绕这一观点展开了大量研究和论证,为政府干预提供了理论基础。

① Buchanan J M. An Economic Theory of Clubs[J]. Economic,1965(2):14.

② Sandler T, Tschirhart J. Club Theory, Thirty Years Later[J]. Public Choice, 1997(3):335.

布坎南为代表的公共选择学派认为,社会发展中不仅存在市场失灵,也存在政府失灵的可能性。政府也是一个"经济人",有自己的部门利益,当部门利益与社会利益不一致时,政府可能为了得到自己的利益而损害社会利益。以前,政府提供公共物品被认为是解决市场失灵问题的有效手段。现在发现,政府未必能保证公共物品供给的有效性,原因在于从人的理性出发,消费者出于回避税收风险等方面的考虑,往往隐瞒对公共物品需求的真实性信息,导致公共物品供给出现不足。与此同时,就算政府能够充分了解和把握公共物品的供给量,人们也越来越怀疑其供给能力和效率。更为困难的是,有关行政区域之间、国家之间的公共物品供给,萨缪尔森提出的理论难以应对。政府的自利动机、搭便车行为破坏了政府之间的合作,影响了公共物品供给的效率和社会总福利的实现,诸如在减缓贫困、流域污染等领域都需要新的制度和理论来进行矫正,从而增进公共物品供给的有效性。①

2. 公共物品的多元化供给

公共物品理论在 20 世纪 70 年代以后,主要关注提供公共物品的效率及其制度保障问题。巴泽尔提出了准公共物品的概念,认为它是纯公共物品与纯私人物品的混合。② 更多学者把目光投到如何通过市场提供准公共物品方面,对市场提供准公共物品的可行性和效率展开论证,并且获得了明显突破,实践中由私人提供准公共物品也取得了显著效果。准公共物品的市场化运作还成为西方发达国家提供公共物品的主要政策,这些供给将市场机制运用于公共物品供给领域,有效转变了政府职能,公共物品的提供被推向市场,市场机

---

① Kaul, Grunberg, Stern M A. Global Public Goods, International Cooperation in the 21st Century[M]. London: Oxford University Press, 1999: 35.

② Barzel Y. The Market for a Semipublic Good, The Case of the American Economic Review[J]. The American Economic Review, 1969(4): 665.

制起到了优化配置公共资源的作用，改善了公共服务的水平与质量。为纠正"政府失灵"现象，一些经济学家明确了公共物品由私人提供的可能性，指出民间组织等私人力量也可以提供公共物品。不过，实践中很快又出现了"市场失灵"的现象，迫使学者从不同视角研究公共物品的供给，最终提出了公共物品多元化供给的观点，政府、企业和公民都可以提供公共物品，他们在公共物品供给中扮演着不同的角色。越来越多的实践表明，单一政府治理的结构正在发生变化，政府、企业和非营利组织等既相互独立，又互相促进、补充并融合，共同为公共物品的供给发挥重要作用。就提供准公共物品的方式来说，表现出灵活多样性。在制度经济学派那里，把只有一个供给主体的准公共物品模式称为"单中心体制"，把存在多个供给主体的公共物品模式称作"多中心体制"，它们之间是一种竞争与合作的关系。罗伯特·伍思努提出：现代社会公共物品提供的模式取决于政府、市场和志愿部门的结合，这三种机制的运作过程不尽相同，但它们之间的关系却越来越密切，相互之间的界限越来越模糊。特别是随着民主、社会组织的发展，亟须建立公共物品多元化供给的体制和机制，实现政府、市场和志愿部门的有序化管理，使它们在竞争与合作中找到均衡点，既发挥各自优势又实现互补。

二、跨流域调水管理及其多元供给

1. 外调水的准公共物品特征

准公共物品在改善人民生活、促进社会和谐方面，具有不可替代的作用。生产和提供准公共物品的行业大多属于基础设施领域，是整个社会资产中比重最大、质量较好的支柱行业。准公共物品包括自然资源、能源等类别，其中水、空气、森林和牧场等都是准公共物品。① 跨流域调水工程是解决水资源地区分布不均和供需矛盾的重要基础设施,是水资源生产和输送的统一体,其产品是水资源。外调水生产和消费的性质表明,它从整体上说竞争性弱、排他性强,是典型的准公共物品。

外调水具有公共物品的特点:我国水资源稀缺具有地域性和流域性,需要通过跨流域调水工程加以解决,而长距离调水所依赖的设施往往投资大、周期长,送水成本非常高,通常需要由政府部门提供,这就使跨流域调水工程在水的生产上具有规模经济和成本函数弱增性的特点,存在鲜明的区域或行业垄断性。同时,水资源自然供给具有相当不确定性,防洪、河道治理、水文监测、水质保护等都属于公共物品领域。因为防洪排涝、丰富物种等,具有非排他性和非竞争性,存在着广泛溢出的外在利益,没有办法专门为确定的个体所提供。跨流域调水作为大规模人为配置水资源的行为,更容易造成水量短缺、水质污染、生态破坏等问题,过量调水会导致生态环境质量下降和水资源再生能力下降,最终导致水资源自然供给的枯竭,生态环境保护需要由政府部门提供。

外调水也具有私人物品的特点:在设计调水流量范围内,调水工程所输送的水在消费上竞争性弱,而超过设计调水流量后,增加额外消费者的边际成本趋向于无穷大,形成水资源供给边际成本的阶梯性递增特点,竞争性陡增。调水工程排他性比较强,供水用户只有与工程设施和网络连接才可以使用特定设施的服务,并且向用户提供的服务能够计量和收费。通过一定制度设计和技术手段,能够将部分不付费者排除在外,通过收费获得投资回报。如:跨流域调水工程的供水效益和发电效益,就具有排他性、竞争性,这些效益只对付

---

① 滕世华. 公共治理视野中的公共物品供给[J]. 中国行政管理,2004(7):90.

费者提供,未付费者不能使用。[1]

2. 政府提供外调水的显著优势

外调水的公共物品特点,使跨流域调水更加关注以公共利益为基础的社会综合效益,投资基础设施建设的任务非常繁重,而私人投资者一般不愿承担投资大、回收慢的项目,必须发挥政府的重要作用,具体情况如下。

(1)政府在权力运作上的优势。在公共物品供给的过程中,政府通过禁止、允许之权力,发挥自身优势解决市场运行中私人物品挤占公共物品的问题。比如,政府通过强制性税收行为,使公共物品供给具有了"价格",从而克服了提供公共物品过程中"搭便车"的行为。政府权力的崇高威望,确保它有效降低成本、解决外部性问题。

(2)政府有着明显的财政优势。跨流域调水常常面临资金匮乏的局面,政府可以依靠其财政力量保障公共物品供给,或者为提供公共物品创造良好的条件。尤其是在低收费或无偿提供公共物品的时候,会出现相应的消费者剩余,明显增加了社会福利。准公共物品的政治敏感性和自然垄断性,使许多政府偏好将其所有权控制在自己手中。英、法、德等国政府都对过高的水价进行必要管制,如果水价过高,就会损害公共利益,影响公众生活质量和社会稳定。美国水价政策规定,供水单位不以盈利为目的,不能有过高利润。联邦和各级政府部门所属的水利工程,其水价以满足成本支出为需要和按计划收回投资,私人企业和各供水公司,按照企业经营的一般原则,其水价包括合理利润和税金。在水价补贴方面,美国政府负责水价的宏观管理,水价补贴分为直接补贴和间接补贴两种方式。新加坡对水价实行直接补贴,对低收入家庭以居住面积为基础进行补贴,从家庭缴纳的水费中逐月扣除。加拿大实行间接补贴方式,有明确的水价补偿制度,水工业依靠政府补贴维持供水生产,使用户能够享受由政府补贴的低水价。这些国家都非常注意发挥政府的作用,保障公众利益。

3. 政府供给外调水的局限性

政府供给准公共物品的优势并不是绝对存在的。

(1)政府供给的垄断性会导致非效率。政府作为跨流域调水单一供给主体,没有其他竞争者存在,供给过程中不必面临直接竞争,对外部市场反应迟缓,可以不按效率原则和供求关系来提供公共物品。因此,公共物品的提供缺乏质量或效率的激励,也难以形成降低价格、成本节约的动力。

(2)政府投资的唯一性造成跨流域调水工程资金来源不足。由于市场准入壁垒的存在,调水工程投资主要依赖政府,投资融资的方式单一。且由于政府资金有限,单一供给体制难免造成准公共物品供给不足。

(3)政府供给有可能失灵。政府部门作为"经济人"也存在需要为自身谋求的利益,其自身利益并不必然与社会利益相一致,甚或存在不同程度的冲突。例如,在市场机制运行过程中,政府寻租行为便会使交易成本增加,从而引起资源的浪费。

4. 外调水的多元化供给

目前,由于我国准公共物品的"关键领域"特征,各种关系错综复杂、垄断性依然存在,这类行业的改革正处于探索阶段,改革的关键是引入市场机制。发达国家有相当多的准公共物品由私人企业组织来提供。如美国铁路一直由私人投资,电信行业开始时由政府投资,很快交给私人企业控制。私人投资机场、港口和城市交通的案例大量存在。我国引入市场机制后,准公共物品的供给主体不再局限于政府,而是出现了多元化的供给方式,实行中央、地方、用户共同投资方式,由政府和市场联合提供公共物品。多元化供给是我国公共物品供给制度改革的必然方向,市场、非营利组织和政府是公共物品供给的三大主体。一个完善的公共物品多元化供给格局应该是,凡是能够由市场来生产的公共物品让位于市场,凡是可以由非营利组织担负的公共物品供给任务由非营利组织来完成,而市场和非营利组织都不能生产或提供的,就应该由政府来负责。

在我国跨流域调水工程建设和管理过程中,外调水应该由政府、企业、用水户等提供多元化供给。通过跨流域调水水权市场的引入,建立起现代企业制度,使企业拥有独立的经营自主权、盈亏自负,他们会想方设法促进自身利益最大化,千方百计降低水供给的成本,实现经济效益不断增长,从而改变了原有水资源管理的行政隶属关系,形成水资源买卖关系。外调水的多元供给方式,并不代表政府责任可以减轻甚至消失。理性"经济人"的特点使之在缺乏一定制度约束的情况下,容易出现某些违反公共利益的行为,政府必须代表公共利益在总体上统筹规划。对于跨流域调水建设和管理的非经营性资产部分,政府要无偿投入。对农业、生态用水等,政府还要形成相应的补贴措施。

第三节　产权理论

一、产权及其制度功能

1. 产权理论的发展

自然资源产权理论的发展经历了三个阶段。20世纪70年代以前,是非公即私的两分法阶段;20世纪70年代到80年代是多分法阶段,主要包括离散性和连续性两种分法;20世纪90年代以来,是产权结构的层次分类方法。这一方法已经比较精确和接近于真实世界中自然资源产权的特点。[①]

　　20 世纪 30 年代,以 1937 年科斯《企业的性质》为标志,出现了系统的产权理论。科斯产权理论特别强调私有产权的重要意义,他认为唯有清楚界定公共物品也具有私人产权的性质,并且安排相应的制度加以保护其行使,才能真正刺激私人对公共物品的供给行为。科斯定理的基本思想是,当交易费用为零的时候,凭借自愿达成的协议实现产权再分配,将有效推进社会福利最大化。德姆塞茨也指出,明晰产权才能促进市场经济的发展并有效提高经济效益。产权理论的追随者特别注重将产权理论推广到公共物品领域,把公共物品的产权配置看做更优的资源配置手段。他们呼吁政府在提供公共物品中的作用只能是对产权进行明晰,之后便交给市场去取得有效率的结果。德姆塞茨注重从产权在社会体制中的功能和作用来阐释产权,认为产权包括一个人或其他人受益或受损的权利,产权界定人们如何受益及如何受损,因而是谁必须向谁提供补偿所采取的行动。[②]但是,将产权私有化无限制运用到公共资源领域,也遭到很多学者的批评。

　　巴泽尔是美国华盛顿大学著名的经济学教授,他对于产权问题提出了自己的观点,即产权不可能完全私有化,无论我们如何界定产权,最终总会留下部分公共领域,由于信息成本存在,任何一项权利都不可能得到完全界定,没有界定的权利就把部分有价值的资源留在了"公共领域"里。巴泽尔注意到,产权界定过程是不断演进的。以往的产权文献中,大多假定产权要么存在并得到明显界定,要么就不存在。产权能够部分界定的中间状态却被忽视了。按照巴泽尔的产权理论,产权制度演变实际上就是产权不断被界定、外部性不断内

①　励效杰. 中国水管理的市场化模式研究[D]. 南京:河海大学,2007:26.

②　Demsetz H Toward. A Theory of Property Rights[J]. American Economic Review,1967(2):347.

部化、产权行使效率不断提高的过程,也是产权制度均衡不断被打破,产权制度不断变迁的过程。① 布罗姆利也认为,公共物品产权的私有化在实践中不具备可操作性。例如,由于所有权的结构设置不合理,将无法解决资源环境保护问题,更不可能为代际环境权作出承诺。人类或动植物的后代不可能为着自己的利益到当代来提出诉求,市场交易中无法真正保护他们的利益,代际环境权必然遭到损坏,只有依靠政府力量才有利于实现他们的利益。斯蒂格利茨也不认同产权私有化的说法,并且把这种说法叫做"科斯缪见及其扩展"。他认为明晰产权的确能够化解一些外部性问题,但正如不完全信息可以导致"政府失灵",不完全市场也将导致"市场失灵"。

20 世纪 90 年代以来,学者们对产权结构的复杂性取得进一步认识,奥斯特洛姆等人提出了产权的多层次分析方法,澳大利亚的瑞·查林在此基础上提出了"制度科层概念模型",明确自然资源产权有多层次性,在每个产权层次上,管理自然资源开发利用的制度主要包括赋权制度、初始分配和再分配制度,对自然资源产权的研究取得了长足进步,这很大程度上取决于新制度经济学方法在共有产权领域的应用。

2. 产权的基本特征

产权具有以下几个方面的特征。

(1)产权是权利之集合。产权不是指某一项权利,而是指一组权利集合在一起。② 对于产权制度而言,完备的产权通常包括使用、收益、转让等权利,存在着产权的结构问题。产权为行为者带来利益和需要的满足,它是产权制度的核心,是激励功能产生的源泉。

(2)产权具有可分离性。产权可以作不同的分解和安排,它既可以统一于单个产权主体,也可以分属于不同的产权主体,最常见的是

---

① [美]巴泽尔. 产权的经济分析[M].上海:三联书店,1997:3.

② 张军. 现代产权经济学[M].上海:三联书店,1994:67.

所有权和使用权分离。

（3）产权具有可交易性。即产权可以转让或流动。允许产权交易才能为资源优化配置提供前提条件，产权交易的结果是使资源转移到效益更好的地方，从而增进了资源利用的有效性。[①]

3. 产权制度的基本功能

菲吕博腾和配杰威齐指出，产权并不是指人和物相互间的关系，而是指由物引起的人与人之间的相互关系。产权安排明确了相应于物的使用过程中人的行为规范，每个人都必须遵守这个行为规范的规定，从而有序调整人与人之间的关系，否则要承担违反这一规范应该付出的成本。意即产权制度是对产权的制度安排，用于描述人们使用稀缺资源时在一定经济、社会关系中所处的地位。产权具有多种属性，需要相应的制度设计才能加以保障。产权制度就是以产权为核心，调整人们产权行为的一系列制度或规则。[②]

产权制度的基本功能有以下几个方面：

（1）高效率配置稀缺资源。产权制度宣告了资源如何在产权主体间加以确认，减少了关于产权的争议，降低了达成产权共识的成本，产权交易还把稀缺资源带到最需要它的地方，使稀缺资源得到高效配置，最终引起社会总效用增加。[③]

（2）形成有效的激励机制。产权的基本预期是经济有效性，产权制度开发了行为主体从事经济活动的范围和空间，能够为产权所有者带来经济效益，使其保持从事经济活动的强烈愿望，并尽可能采用最小成本将这种预期加以实现。

（3）规范功能。经济行为主体按照一定规则和要求进行经济活

---

① 黄江疆. 产权理论与南水北调运行管理[J]. 安徽农业科学, 2008(5): 36.

② Furubote G, Pejovich S. Property Rights and Economic Theory, A Survey of Recent Literature[J]. J E L, 1972(10): 37.

③ 雷玉桃. 产权理论与流域水权配置模式研究[J]. 南方经济, 2006(10): 33.

动,是制度产生的原动力。规范功能的重要表现是外部性内部化,德姆塞茨指出:产权的一个主要功能是引导人们实现外部性较大地内在化。

(4)约束功能。产权制度规定了行为主体不能作为的空间,超出这一范围,行为主体就要为违规行为付出代价,接受预先规定好的相应惩罚。即产权制度起到规范产权主体行为的作用。

二、水权制度的发展

产权是根据一定目的对财产加以利用或处置,以从中获取经济利益的权利。产权的直接形式是人对物的关系,实质上是产权主体围绕各种财产客体而形成的人们之间的经济利益关系。① 水权是产权理论在水资源领域的体现,其核心是产权明晰。人们一直在为建立具有排他性和可分离性的水权制度进行努力。水权制度大致分为以下四种。

1. 滨岸权制度

滨岸权制度是历史最为悠久的水权制度,产生于水资源丰富的地区,目前仍然是英国、法国、加拿大以及美国东部的水权制度。

滨岸水权指毗邻水体和水域的土地所有者对于水资源的权利,不拥有河流相邻土地的所有者不拥有水权。未与河流相邻的土地所有者,即便非常需要并且也能合理用水,因为其不具有沿岸水权,也不能够开渠和引水。滨岸权制度的适用有两个必备条件,即拥有持续水流经过的土地并合理用水。在水量使用方面,不存在对水权所有者的明确限制,只要不影响下游地区对水的使用即可。采用滨岸权制度的国家普遍实行土地私有制度,水权也因此具有排他性、可交易性。当人们拥有毗邻河岸的土地使用权时,自然也拥有水权;当人

---

① 刘凡,刘允斌. 产权经济学[M]. 武汉:湖北人民出版社,2000:146.

们出售毗邻河岸的土地使用权时,水权随之转让。①

在滨岸权制度中,水权的排他性并未受到质疑,问题是水资源浪费显然存在,尤其在水资源稀缺的地区,滨岸权制度限制了经济与社会的发展。因为沿岸水权和土地权利紧紧相连,未毗邻水流的土地所有权主体不能用水,结果造成不与河流毗邻的农田无法得到灌溉,工厂、城市因缺水而难以发展,河流中的水因制度设计的缺陷难以充分利用。

所以,尽管滨岸权制度有着非常悠久的历史,但伴随人口增长和经济高速发展,水短缺问题越来越严重,滨岸权制度的缺陷日渐突出,优先占用水权制度正是在这一背景下出现的。

2. 优先占用水权制度

19 世纪中期,美国西部开发的用水实践中形成了优先占用水权制度。美国东部属于水资源比较丰富的地区,普遍实行滨岸权制度,将土地与水资源利用联系在一起。② 美国西部严重缺水,而那时的拓荒者多进行矿业和农业生产,对水资源有着大量需求,而拥有毗邻河流土地所有权的人占少数,与河流毗邻的土地大多为政府所有,他们无法得到与经济生产相适应的水资源供给。为使矿业和农业生产顺利开展,未与河流毗邻的土地所有者也需要开渠和引水,必须有新的制度应对这一诉求,优先占用水权制度更加适合水资源短缺地区的情况。学者们在研究中指出,尽管传统的河岸所有权仍然有效,但水资源私有权从未赋予使用者涸干湖泊或河流或者毁灭其中水生物的权利。越来越多的学者开始接受,水不具有完全所有权的权能,它应当为公共利益使用,在使用时还要受到一定限制,如不得浪费、合

　① 杜威漩. 国内外水资源管理研究综述[J]. 水利发展研究,2006(6):17.
　② Charles W Calomiris. Is Deposit Insurance necessary? A Historical Perspective [J]. Journal of Economic History,1990(6):283.

理性、有益性等。①

优先占用水权制度强调了河流中水资源公共所有,谁先使用水资源,谁就占有了水资源优先权,加强了水权管理的行政干预。早期优先专用权由习惯做法发展而来,只需通过从水源取水并进行有益利用便可获得水权,无须获得任何政府、行政机构批准。行使专用权的意图或是通过发布通知使各方面获知,或是通过实际引水措施让大家了解,关于专用权的存在、优先性及范围等方面存在不确定性。为了解决这些问题,现代专用权采用了行政许可制度。获取水权必须进行书面申请,填写申请专用的水资源数量、使用目的以及地点和范围。在美国大多数州,专用权优先性取决于书面申请的归档时间。如果申请获得通过,行政机构将发布许可令,批准申请者享有专用水权。许可令包括控制水资源使用的条款和条件,将专用水权限定在以非浪费方式对水资源进行有益利用的范围内,专用权行使不能对其他合法用户造成损害、超出公众利益所要求的范围。在多数情况下,对公众利益的考虑主要集中在处理有争议的申请及环境问题上。

对于排他性的安排,在优先占用水权制度中是通过水资源使用权先后次序来设计的。谁先开发利用了水资源,谁就取得了水资源优先使用权。优先占用水权制度使水资源先占者有优先使用权,并将水资源使用的效率放到突出位置。经济主体用水先后次序的排定,便让水资源使用权具有了相应的排他性。较先占用水资源使用权经济主体的用水权利总是优于后来者,后来者是否能得到足够的水量取决于优先占用水权者的剩余。由于水资源稀缺现象越来越严重,优先占用水权制度按照时先权先的原则依次决定人们的用水需求,先期取得水资源使用权的用户通常可以满足自身用水需求,后来者则无法得到切实保障。

---

① Joseph L Sax. Rights that "Inhere in the Title Itsel", The Impact of the Lucas Case on Western Water Law[M]. L. A. L. Rev. 1993:943.

　　优先占用水权制度通过水资源使用的先后次序设定水权的排他性,也摆脱了水权与土地所有权相捆绑的束缚,有利于水资源的开发利用,从而克服了滨岸权制度的局限。但是,优先占用水权制度仍然存在两方面缺陷:一方面,水权不能交易。很多采用优先占用水权制度的国家或地区,不允许进行水权交易。即使优先占用的水权可以交易,用水次序却要重新排列(以水权交易的日期为准),水权交易事实上无法展开。另一方面,水资源高效使用事实上难以实现。水权不能交易造成水权市场发育迟缓,而缺少水权市场的作用,就无法将水资源配置到最有效率的地方。

　　3. 公共水权制度

　　公共水权制度与前两种水权制度有较大区别。滨岸权制度和优先占用水权制度以私有产权为基础,重视明确私有水权。公共水权制度强调国家对水资源的所有权,将水资源开发利用纳入整个国家的经济与社会发展规划。公共水权制度来源于前苏联水资源开发利用的理论和实践,我国长期以来实行的也是公共水权制度。

　　公共水权制度的基本原则:一是所有权与使用权的分离,即推行水资源国家所有权,但水资源使用权可以为个人或单位所拥有。二是水资源开发利用要服从整个国家的经济与社会发展规划。三是依靠行政手段进行水量分配和水资源配置。

　　4. 可交易水权制度

　　优先占用水权制度虽然改善了滨岸权制度的缺失,却仍然存在着优先获得水权者用水效率不够高,后来者根本没有水可用的局面。早期优先占用水权制度规定用户必须按申请用途用水,不得将水挪作他用;水的使用权必须与土地一起同时出售;大大限制了水资源使用效率。美国西部最早出现了可交易水权制度,允许优先占有水权者在市场上出售富余水量,即水权交易。"水权交易有利于弥补传统沿岸权、优先占用权体系的不足,增加了其灵活性。"[1]

第二次世界大战以后,可交易水权制度不断发展。随着战后人口的快速增长,人类对水资源的需求正在扩张,而人均水资源占有量却在减少,全球水资源供需矛盾日益突出。世界上水资源稀缺的现象越来越严重,尤其是在一些干旱和少雨的地区,水资源稀缺已经成为经济发展的桎梏,即使那些水资源相对丰富的地区,缺水引发的纠纷也时常出现。由于水资源稀缺日益严重、生态环境不断恶化,人类对水资源展开了全新认识。1992 年,"21 世纪水资源和环境发展"国际会议召开,会议提出水是自然资源,同时也是经济物品。世界银行有关发言人 1995 年重申了这一观点。这都说明水资源开发利用必须遵从市场效率,实现水资源最优配置,克服既有水权制度带来的弊端。

滨岸权制度、优先占用水权制度在突出水资源合理使用、有益使用方面各有所长,但是在水资源如何高效使用与配置方面缺乏相应制度设计。公共水权制度突出的是水资源统一规划、计划,而越来越多的实践证明,仅仅依靠计划对实现水资源使用效率存在不足。要想增进水资源使用与配置的效率,必须探寻新形势下更加有效的水权制度。可交易水权制度强调运用计划与市场相结合的手段创新水资源管理,政府转变现有工作职能,主要通过制定法律法规实现水资源管理,把一切需要效率的地方交给市场解决。政府与市场联合起来管理水资源,充分发挥了各自优势、弥补了自身不足,能够实现用水节约和水资源高效配置。[2] 可交易水权理论的发展,为全球水资源管理指出了新的方向,将人们从现有制度的困惑中解救出来,实践

① 王小军. 美国水权交易制度研究[J],中南大学学报(社会科学版),2011(6):124.
② 孟祺,尹云松,孟令杰. 流域初始水权分配研究进展[J]. 长江流域资源与环境,2008(5):734.

中已有许多国家实施了这一制度。

三、跨流域调水管理的产权运作

水资源稀缺激发了人们对水权效率的需求,各利益主体从来没有像现在这样,开始清算水权各项权利中究竟哪些对自己有益并提出相关诉求。在水资源相对富裕的地区,人们根据需要进行水的消费,不必对产权进行纠缠,水权模糊几乎就是合理而且是整体有效率的。而在水资源稀缺的地方,人们需要协调他们的需求与分配,如果协调行动依然无法解决,明晰水权、建设水权市场就变得非常必要,可交易水权制度对人口、资源和环境的协调发展具有重要战略意义。

1. 行政调水制度的效率已经降低到必须变迁的程度

长期以来,我国实行计划配置调水资源的公共水权制度,政府借助行政手段对调水资源进行规划、安排,控制水资源供给与配置,基本上不存在用水竞争,水资源产权处于模糊状态,不需要水权交易。何况,水权明晰也需要付出一定成本,其中包括信息成本、外部性成本等。即是否明晰水权应与特定社会发展阶段相适应,并充分开展成本和收益的分析。也就是说,当产权收益大于成本时,人们会自觉运用权利,相反,当产权收益小于成本时,人们就选择拒绝运用这种权利"。[①]

随着我国人口增加、城市化和工业化发展,水的稀缺性和价值提高,用水竞争成为愈发普遍的现象,水权模糊付出的代价不断提高,从而提升了水权明晰、市场运作的收益,对人们清晰界定水权形成了很大的激励。于是,水权形势开始发生演变,原来通过行政手段配置水资源在实践中遭遇了更大的阻力,水权运行的成本越来越高,各利益主体的独立地位日趋强化,上级政府的协调和监督濒临失效,政府

① ［美］巴泽尔.产权的经济分析[M].上海:三联书店,1997:89.

利用行政手段配置水权已经力不从心,水权界定和维护的成本不断降低,建立产权排他性的收益逐渐提高,降低了产权交易成本,增加了引入市场机制的预期收益。

与计划经济时代相比,我国跨流域调水管理的外部环境已经有所不同,原有管理体制与现行管理目标之间出现了一系列矛盾。新制度经济学认为,当制度效率降低到一定程度时,制度变迁就成为必要。鉴于行政调水制度的效率已降低到有必要变迁的程度,新的、效益更高的市场调水制度势在必行。

2. 我国水权交易的实践已经展开

浙江省东阳—义乌水权交易的成功,加快了我国水权制度市场化改革的进程,可交易水权制度成为主要发展方向,建立以市场配置为手段的跨流域调水管理模式是大势所趋。

在我国传统跨流域调水管理过程中,行政调水使受水区无偿受益,调水区却承担了更多的调水成本。由于对调水区缺少利益补偿,调水沿线各方较难达成一致,行政协调方式往往耗时费力、周期长。我国浙江省东阳—义乌地区率先进行了水权交易,事实上是出于对行政调水成本的深刻认识。浙江省水利工程大多由地方投资建设,省级行政部门或国家的投资比较少,尤其是义乌水利工程主要都是自行筹资建设的,地方拥有很强的财政和投资能力,有能力购买水权。如果依靠政府协调,则协调周期很长、补贴少,得不偿失,不如采取更有效率的解决方式,主动进行与东阳在自愿基础上的平等协商。也就是说,义乌选择协商购水,而没有伸手向上级行政部门要水,实际上是买水收益超出了要水的成本。义乌买水的成本显然是有可能失去政府财政补贴,而收益却是抓住了城市快速发展的机遇,况且获得补贴的机会仍然存在。对东阳而言,行政调水完全是无偿的、没有任何收益,卖水则能够获得相应的经济效益。水权交易双方都在新制度或规制下得到了实惠,水权制度的变迁成为水权管理的内在要求。

水权交易实践的最大特色是不再单一依靠传统行政命令调配水资源，而是在政府支持和协调下，相关利益主体在特定的经济社会条件下，对解决水资源短缺问题的各种方案进行成本效益分析，通过平等协商，按照水资源市场价值规律开展水权交易，从而显著提高水权管理的效率，实现社会福利的增加。[①] 水权制度开始发生变革，表明相对旧制度来说，新制度更具有成本有效性，即制度变革带来了明显的经济效益。水权交易之所以在浙江省最先发生，亦是因为在市场经济已经有所发展的环境中，运用行政手段进行水权转移的成本更高，运市场交易水权的成本反而较低，成为制度变迁得以发生的重要条件。[②]

需要注意的是，在实行水资源市场配置的同时，必须确立国家对水资源的管理和保护，对市场主体经济行为进行必要的干预和限制。原因在于市场机制不足以确保水资源可持续开发利用目的的实现。即使在私有化程度相当高的社会中，也只有国家能够代表全体人民的利益。当个人利益与国家利益相冲突时，只有国家才能站在全民整体利益的高度作出行动。无论在何种社会制度下，国有经济占有恰当比例都是相当重要的。[③] 跨流域调水管理涉及的利益主体多而复杂，这些主体间的利益经常发生冲突，当市场机制难以解决这些利益冲突时，就需要政府进行协调和监督。一个常见的事实是，由于水权交易负外部性的存在，生态环境的利益容易受到忽略，政府应制订水权交易规范、交易程序、交易方式等，为维护交易秩序、解决交易纠纷和冲突提供必要的信息服务，把水权市场置于政府的管理和监督之下。

---

① 温锐,刘世强. 我国流域生态补偿实践分析与创新探讨[J].求实,2012(4):42.

② 黄江疆. 产权理论与南水北调运行管理[J].安徽农业科学,2008(5):65.

③ 高德步. 产权与增长——论法律制度的效率[M].北京:中国人民大学出版社,1999:87.

第三章　跨流域调水水权管理准市场模式的多元目标

第一节　经济目标

一、跨流域调水的经济意义

1. 合理经济预期是世界各国跨流域调水的基本动机

尽管跨流域调水的目标具有多元性,但合理经济预期是其基本动机。在世界经济发展的进程中,水资源开发利用具有越来越重要的地位。全球现有水资源总量是 13.96 亿 km³,但能直接够提供人类生产、生活用水的只有 200 万亿 m³,而且水资源地区丰欠不均的状况非常突出,许多地方缺水问题严重,阻碍了经济发展。跨流域调水从水量丰富地区向缺水地区转移水资源,是保障缺水地区经济发展的重要途径。

世界上很多国家和地区的跨流域调水工程,都带来了巨大经济效益,如表 3-1 所示。它们以跨流域调水工程为核心规划电力开发、旅游等经济效益好的项目,不仅确保了调水工程正常运行,而且降低了运输成本,促进了航运事业发展,加强了区域经济交流;同时还营造了人工生态景观,使旅游业得到发展。美国已经建成的跨流域调水工程达 20 多项,如中央河谷工程、北水南调工程等,这些工程的重要功能是灌溉、供水服务,同时兼顾防洪、发电等任务,年均调水量可以达到 200 多亿 m³,灌溉面积 2 000 多万亩,极大地缓解了西部荒漠地区的旱情。跨流域调水满足了洛杉矶、加利福尼亚等地区

生产和生活用水,使这些地区经济进入了高速发展的时期,大大缩小
了与美国东部在经济、社会发展上的差距。加利福尼亚州现在成长
为美国灌溉面积最大、粮食产量最高的州,洛杉矶市跃升为美国的第
三大城市。随着美国西部地区农牧业稳步发展,人口在不断增长,技
术力量日益雄厚,航天业、制造业、石油化工业及电影工业等也快速
发展起来。西部地区不但实现了自身跨越式发展,还成为整个国家
电子、石油和军事等高端新兴工业的中心。澳大利亚内陆地区干旱
缺水,1949 年开始兴建雪山调水工程,将雪山流域水资源调入城市
中心地区。跨流域调水极大地促进了电力的增长,电力被输送到悉
尼、堪培拉等一系列重要城市,那些为配合调水兴建的水库也变成了
旅游胜地。[1] 西水东调工程是巴基斯坦乃至全世界调水量领先的工
程,该工程灌溉农田面积达到 2 300 万亩,解决了调水沿线地区的缺
水问题。调水使巴基斯坦从粮食进口国转变为出口国,每年可出口
大米 120 万吨、小麦 150 万吨。随着西水东调工程运行效益的持续
发挥,在灌溉、防洪和发电效益继续攀升的同时,调水沿线航运业、旅
游业也得到了很好的发展,一些地方已经成为旅游胜地。

表 3-1　国外代表性跨流域调水工程的经济效益

国别	工程名称	工程特点	经济效益
美国	中央河谷工程	目前世界上最早建成、单级提水、扬程最大	• 灌溉、供水、发电、防洪、旅游 • 加州成为美国人口最多、灌溉面积最大、粮食产量最高的州 • 洛杉矶成为美国第三大城市
美国	加州调水工程	目前世界上扬程最高、输水距离最长	
澳大利亚	雪山调水工程	目前世界上装机容量最大	• 灌溉、供水、发电、防洪、旅游
巴基斯坦	西水东调工程	目前世界上调水量最大	• 灌溉、供水、发电、防洪、旅游

① 封雅卓,李山梅.跨流域调水工程效益分析[J].北方经贸,2010(2):123.

2. 经济效益是我国跨流域调水客观、内在的追求

我国已建或在建的跨流域调水工程,同样对区域经济和整个国民经济发展作出了重要贡献。正在修建的南水北调工程,包括中线、东线和西线三条线路,它们与黄河、长江、海河和淮河联系起来,形成了"四横三纵"的中国大水网。南水北调工程着力改善水资源时空分布不均带来的问题,正在发挥明显的经济效益。

从工业发展方面来说,南水北调工程满足了受水区用水需求,在弥补其生产生活用水不足的同时,创造了产业升级或改造的机会。南水北调工程建设已经拉动了水泥制造、电器和机械制造等相关产品的需求,促进了调水沿线产业结构调整。调水工程建设促进了高端人才、先进技术的集聚,有利于传统产业的改造,高新技术产业开始迅速发展起来。南水北调工程建设还带动了工业发展,企业有可能扩大规模、提高效益,因而增加了就业机会,解决了部分农村、城市人员的就业问题,使经济增长获得持续、长久的动力。

从农业经济方面来说,调水工程在增加工业用水的同时,也扩大了灌溉用水和生态用水的需求,农业可灌溉土地的面积有效增加,干旱缺水的农田终于得到灌溉,大大提高了农业产量,并且还有条件发展新的灌溉面积,农业结构和产业结构得以调整,农村经济发展出现了兴旺的景象。

从交通运输效益方面来说,调水工程贯通了新的水域,拓展了水上通行里程及线路,降低了运输成本,促进了水上交通的发展,有利于调水沿线经济文化的交流与繁荣。

实践证明,尽管跨流域调水工程是公益性极强的基础设施建设,但经济效益是调水活动客观、内在的动机与追求。

3. 水权市场能够显著提高跨流域调水的经济效益

传统观点认为,制度是资本、劳动、技术等生产要素之外的外生变量,对经济增长无关紧要。新制度经济学则认为,制度短缺或供给

滞后同样会影响到经济发展,制度本身被当成了一种稀缺要素。新制度经济学对于经济发展的理论贡献在于:一是认为发展实质上是更加有效利用资源的制度变迁过程,二是解释了制度在长期、持续经济发展过程中的作用,以此说明有些国家发展、有些国家则停滞不前的原因。[①] 按照新制度经济学的观点,水权制度能够显著提高跨流域调水的经济效益。在水资源短缺情况下,我国跨流域调水水权管理行政模式的低效运作,表现出公共水权制度运作成本变高,"水权模糊"的代价越来越大,建立水权市场、实施可交易水权制度迫在眉睫。伴随着水资源短缺现象日益严重,很多发达国家已经减少了政府控制,通过水权市场解决水资源配置中出现的问题。我国绝大部分自然资源的配置已经引入市场机制,为了优化调水资源配置,提高水资源利用效率,提供平等竞争的市场机制,建立跨流域调水水权市场势在必行,具体原因如下。

(1)水权市场对水资源配置具有决定性影响。跨流域调水只是实现水资源的空间位移,并没有改变地区水资源总量。当处于丰水年,调水区水资源丰富,就有足够的外调水;若逢枯水年,调水资源难以满足本地区需求,受水区就面临着缺水风险。在水权得不到明确的情况下,不同流域、地区的企业或个人可以随意引水,受水区处于取水机会的末端,若调水区大量浪费水资源,就可能出现严重缺水的状况,水资源经济效率低下。一旦水权得到明确,水权人可支配水资源是定量、有限的,开发和使用时就会自觉考虑投入产出效益、经济社会效益,调水区不会因为取水便利而无节制用水,受水区也会在自己的水权定额范围内利用水资源,并想方设法通过水权运作发挥最佳经济效益。如果一个地区或者企业,通过调整产业结构、改进用水工艺提高了用水效率,就有可能存在节余的水,因而可以参加水权市

---

① 张运华. 南方季节性缺水灌区管理制度研究——以江西省鹰潭市白塔渠灌区为例[D]. 南京:南京农业大学,2005:15.

场交易而获得经济效益。与过去相比，同等数量的水生产出更多产品、创造了更高的价值，以实现经济效益总体最优。可见，解决水资源短缺问题的有效手段，是建立可交易水权制度，通过水权市场建设，允许水资源使用权在市场上合法交易，以价格反映水资源供求关系，优化配置短缺资源。根据科斯定理，利用市场机制可以使水资源达到合理配置。不同行业、同一行业内部不同用户的用水量、用水效率和效益都不同，随着用水效率的改变，各用户的用水量和用水效益也在动态变化着。通过水权市场重新配置短缺的水资源，不仅能激励用户节水、提高用水效率，带来巨大经济效益，也能够促进水资源向高效用途转移。如把灌区多余水量有偿转让给工业、城市用水，不但能增加灌区水费收入，产生比原有用水更大的经济效益，还能够提高水资源利用效率，实现用水效益最大化和水资源合理优化配置。

（2）水权市场能够明显改善投资和进行成本控制。跨流域调水工程供水范围广、输水距离长、总体规模大，除水源、输水工程建设外，还包括总干渠分水口以下输水工程、自来水厂等配套工程建设，工程建设投资巨大、管理成本高。水权的存在，保证了投资者的水权在水短缺时也不被剥夺。他们一旦获得合法水权，就可以持有这些水权，或把水权出售给其他人。水权把私人投资吸引到跨流域调水工程项目中，使之建设得更快、成本更低。在跨流域调水水权管理行政模式的运作中，由于公共投资缺乏对成本控制的激励，经常出现工期拖延、超工程概算等。水权市场引入后，各方面投资会不断地涌入跨流域调水工程之中，其中既有财政拨款，又有金融贷款；既有中央政府投资，又有地方政府投资；既有民间投资，又有国外投资；出现了投资主体、产权主体、融资渠道多元化的局面。

（3）水权市场有利于提升跨流域调水管理的绩效。水资源行业是我国市场化程度较低、改革相对滞后的垄断行业。水权管理普遍存在政企不分、负债经营、资金短缺、供水量不足、供水标准偏低、净水工艺落后、管网漏损严重、企业冗员多、管理水平差等问题。在大多数城市,水价普遍偏低,水资源浪费现象大量存在。地方财政长期补贴水价,不但资金使用没有效率,也助长了用水的浪费行为。水权市场建立,要求政企分开,打破国有垄断,积极引入竞争机制。政府不再包办水厂,而是开放市场,供水企业实行市场化经营,产权来源多元化。尽管跨流域调水工程是大型基础设施建设,有必要从全局考虑,统一安排生产力布局和自然资源调配,避免出现片面追求局部利益而造成整体失衡的现象。但是,跨流域调水工程投资巨大,单靠国家财政拨款难以满足庞大的投资和运营要求。市场机制可以从根本上理顺产权关系,采用企业化管理方式,理顺出资人之间关系,吸引多方投资,实现调水工程的良性运行。在市场条件下,可以提高水价,使水价真正反映生产成本、资源稀缺成本,增强用户节水动机,政府由对水价或企业的补贴转向对低收入用水户补贴。水价的积极作用是:对于调水区,使水价接近调水真实的机会成本;对于受水区,使水价起到保护水资源的作用;对于调水工程企业,使其正常运营且保证获得正常利润。这样,调水各方利益都得到了比较充分的表达,水价中包含着水资源稀缺的信息。

二、水权市场的构成要素

我国一直采取行政手段进行跨流域调水水权管理,水权市场建设便成为构建跨流域调水水权管理准市场模式的关键。水权市场构成的基本要素包括主体、客体和运行机制。

1. 水权市场主体

跨流域调水水权市场建设需要从市场主体的培育开始,水权市场主体发育程度是水权市场发达与否的重要标志。

跨流域调水水权市场主体包括:经营者、交易双方、中介机构、监管机构等,通过水权交易,交易各方实现其预期经济利益。各级政府或区域管理机构是调水市场的管理者,一般由上一级政府机构担任下一级调水市场的管理者,构成不同层次的管理部门,这些管理部门独立于调水双方,高于调水双方,保障调水工作有序进行。调水市场管理者的职责是服务、管理和监督,同时进行市场调节,为调水双方提供调水水价、可供水量等信息,监督双方执行调水合同,维护调水市场健康运行。

政府对水权市场主体培育有巨大的影响和作用,这是因为:①跨流域调水工程建设的必然选择。调水工程规模大,线路长,涉及的利益主体多,其建设必须由各级政府统筹规划后进行实施。②跨流域调水沿线区域用水的需要。水资源分布和利用具有明显区域性特征,往往需要政府代表全区域各用水户进行调水水权初始配置的协商,在明晰水权的基础上建立水权市场。③跨流域调水公共利益的诉求。在进行调水配置时,政府必须优先满足公共用水的需求。

所以,各级政府通过规定市场主体进出秩序、制定调水市场政策,从而明确市场主体准入资格、界定主体在水权市场中的活动范围,保障调水实施和市场交易。在我国跨流域调水水权市场建设过程中,尤其要重视供水单位的企业化,它是与用水户之间联系的重要纽带。以往供水单位是受政府管制的组织,在享受政府补贴的条件下实行低价供水,政府通过严格的进入限制维护供水单位垄断地位,结果造成水资源供给和需求严重脱节,无法满足多样化的用水需求。在水权管理市场化以后,应明确赋予供水单位市场主体地位。

2. 水权市场客体

跨流域调水水权市场的客体是水权,由于水资源有多种用途,水权也可以有许多种类。水权人可以根据自己的需要进行水权设置,如取水权、排水权、通航权等,但每一种新水权都不是自然而然成为水权市场的交易对象,其可否进入水权市场,要在综合考虑是否有利于水资源利用,与其他水权是否存在冲突等因素的基础上,经过国家主管部门认可,而不是任意设定的。

3. 水权市场运行机制

指水权交易双方为谋求自身利益最大化,利用供求和价格机制展开竞争,以实现水资源利用的最佳效益。水权交易的运行机制通过供求、价格和竞争机制的关系反映出来。[①]

供求机制是水权市场运行机制的主要内容,价格和竞争机制围绕供求机制展开变动。在跨流域调水水权交易市场中,供求机制把各类用水主体联系起来,它的变动决定着水权价格的高低,影响着水权市场主体间的竞争关系,最终调节市场主体的用水行为。水权价格是市场运行机制的杠杆,也是水资源配置方向的传导器。在跨流域调水水权市场中,价格机制是供求机制的反馈,它担负着水权信息反馈的任务。与此同时,价格机制对水权市场主体的供需行为起着引导作用,它影响了水权市场的繁荣程度。供求机制失去平衡状态必然出现竞争,竞争机制的出现又促进供求关系达到新的平衡。

价格机制对供求机制产生重要影响。水权价格上升,必然刺激用水户节约用水,并出售多余的水资源获取利润;与此同时,需水用户必然减少用水量、降低开支,使水资源需求变低,价格增高使水资源需求反向运动。当水权价格降低时,激励用水户增加用水量、使水资源需求变大,导致水资源供给变少。价格是水资源供求关系的现实反映,引导供求关系作反方向运动。

价格机制与竞争机制相互影响。水权价格是竞争活动的产物,水权价格在竞争机制的运行中实现均衡。对供水方来说,价格越低则竞争力愈强;对需水方来说,价格越高则竞争力愈强。供水方的竞争活动使水权价格变低,而需水方的竞争活动使水权价格变高,最终形成真实的水权价格。

供求机制与竞争机制密切联系。供水方期望以较高价格出售水

---

①　葛颜祥,胡继连.水权市场运行机制研究[J].山东社会科学,2006(10):88.

权,以期获得相应利润;需水方期望以较低价格买入水权,从而有效控制生产成本。供需双方竞争活动的结果是遵循价值规律达成市场价格。通过供需双方的竞争活动,才有可能正确评价水权交易的效率。竞争活动愈发热烈,水资源配置愈是合理、高效。

供求机制、价格机制和竞争机制互相作用,在竞争活动中形成水权均衡的价格,价格又忠实引导着供需关系;反之,供求关系决定水权价格,水权价格又影响竞争机制的运作。水权市场在三种机制的共同作用中,达成水权市场的均衡效果,实现水资源高效配置、最优利用。

第二节　环境目标

一、跨流域调水的环境影响

全球水资源在时间和空间上的天然分布差异极大,不同地区社会经济发展也存在很大的差距,跨流域调水势在必行。跨流域调水使水资源在某种程度上按照人类意志重新分配,改善了人类生存环境,有利于促进人类生存和发展。然而,跨流域调水改变了河流的自然状态,导致水体、水生生物及生态环境的改变,对自然环境本身带来了现实或潜在的破坏,从而威胁着人类健康和经济社会发展。如图3-1所示,跨流域调水系统包括调水区、输水区和受水区。调水造成的生态影响具体表现为以下几个方面。

图 3-1　跨流域调水系统

1. 跨流域调水对生态环境的正面影响

跨流域调水给受水区带来了明显的积极影响:①跨流域调水能够缓解因缺水而引发的地区性生态危机。受水区地表水和土壤含水率的增加,有利于汇集和储存水,有利于形成局部湿地,有利于改善受水区生态环境。②跨流域调水促进了喜水动植物的生长。有利于各种鱼类的生长和繁殖,并有利于保护濒危野生动植物。③跨流域调水补偿和调节了水量,有利于净化污水和空气。调水量增加以后,扩大了水域面积,使水圈、大气圈和生物圈等形成有效循环,缓解了生态用水,在此基础上可以打造人工和生态景观,发展旅游、娱乐业等。④跨流域调水促进了农业的发展。由于农业灌溉面积增加,农作物种植面积扩大、产量提高。⑤跨流域调水使大气含尘量下降,空气湿度提高,风沙、干旱等灾害现象明显减少,增强了抵御自然灾害的能力。⑥跨流域调水有利于地下水资源的保护。调水资源的使用,减少了地下水开采,使地下水保有合理水位,有利于保持水土、防止地面沉降。据统计:从 1940 年起,美国加利福尼亚州每年超采地下水水量达 180 万 m^3,开采深度为 305～754m,地面下沉导致 9 000多平方千米的农田耕作受到不利影响,调水后有效地防止了地面沉降,并起到保水固土作用。[①]

对于调水区,跨流域调水的防洪效益非常明显。在南水北调中线工程建设中,丹江口大坝加高后,库容增加、防洪能力大幅度提高。南水北调工程运行后,只要合理调度,能够有效应对一些特大洪水灾害。

对于输水区,跨流域调水工程有利于改善沿线两岸气候、环境,尤其有利于沿线地下水的补充。输水渠道对土地生态系统产生有利影响,荒原和沙漠地带经过灌溉成为肥沃良田、菜地、林场和果园,两岸沿线地下水位普遍升高,对地下水超采地区形成有益补充。

---

①　陈玉恒. 大规模、长距离、跨流域调水的利弊分析[J]. 水资源保护,2004(2):49.

2. 跨流域调水给生态环境带来的负面影响

对调水区的负面影响:①跨流域调水导致江河流量减少,产生河口咸水倒灌。如,美国加利福尼亚州的跨流域调水,使流入旧金山湾的淡水减少40%,致使海水入侵、海湾水质恶化,调水区出现干旱化的状况。前苏联北水南调工程实施调水后,导致拉多加湖无机盐和矿化度堆积物明显增多。②跨流域调水使调水区水量减少,造成水域萎缩、湿地和生态系统被破坏。前苏联于20世纪70年代,调查和分析了5条调水河流的流量变化,结果发现河流流量均有不同程度减少。阿姆河在20世纪80年代和90年代分别减少了59%和95%,库拉河在这两个年代则分别减少了44%和78%。20世纪80年代,咸海水量比起20世纪60年代减少了87%、面积萎缩了将近50%、蓄水量减少了79%、湿地减少了85%,喜水植物毁灭,33万hm^2($1hm^2 = 0.01km^2$)森林资源完全被破坏,沙漠吞没了200万hm^2耕地以及周围15%~20%的牧场。美国加利福尼亚州的调水工程,虽然使该州成为全国重要农产品生产、出口基地,但由于调水区河川径流量骤减,加州95%的湿地消失,水生态系统遭到严重破坏,依存于湿地的候鸟和水鸟由6 000万只减少到300万只,鲍鱼减少了80%。[1] ③跨流域调水使得水流流速缓慢,水体自净能力变差,对水质、营养水平、重金属浓度、溶解氧和生化需氧量水平产生不利影响,在适宜温度和光照下产生"水华"。我国南水北调中线工程的源头汉江丹江口水库,由于沿江城市废污水大量排放,目前已发生过3次较严重的"水华"泛滥,而且发生的时间间隔越来越短,持续时间更长、污染范围更大。[2] ④跨流域调水使调水区淹没损失很难避免。移民搬迁和安置面临很大困难,搬迁还会给新的居住地带来一定压力,也有可能造成水土流失、生态环境恶化。

---

① 陈玉恒. 大规模、长距离、跨流域调水的利弊分析[J]. 水资源保护,2004(2):50.

② 王宏江. 跨流域调水系统研究与实践[J]. 中国水利,2004(11):12.

对输水区的负面影响:①跨流域调水需要人为构造输水渠道,不论是开挖水道、打通隧洞还是埋管,都会大量破坏原有地貌,导致水土流失、生态环境的改变。②跨流域调水沿线为输水方便修建大量水库,在原有生态环境中增加了庞大水域,对原有水体、水生生物、两岸动植物及其环境系统都可能造成不利影响。③由于跨流域调水对基础水利设施及其管网设施的依赖较大,输水区环境影响常常发生在渠道、管网渗漏所影响的地段,破坏土壤与地下水平衡。④跨流域调水增加了输水地区的水量,若排水不畅,容易导致土壤盐碱化,从而危害农作物种植和生长。⑤如果输水沿线存在污染源,还会导致水污染。⑥跨流域调水沿线若存在膨胀土或不良地质条件,则容易导致滑坡、崩塌等地质灾害,如果在地震多发区甚至会诱发局部地震,造成沿线生态环境的灾难。

就受水区而言,水量增多也会产生一些不利影响。①受水区会因大量渗漏补给地下水,导致地下水位上升,催生土壤含盐地区出现盐渍化、地势低洼地区土壤沼泽化。在巴基斯坦西水东调工程中,类似问题曾经相当严重,导致后来耗费20年实施"斯卡普"计划。该计划一是采取水利措施降低地下水水位,二是结合农作物、土壤改良等措施防治土地盐碱化和渍涝。②跨流域调水增添了受水区疾病传播的风险。调水过程中的某些有害物质或元素,可能造成某些病毒病菌的传播,也会引起水中某些化学成分缺少或过量,若作为饮用水源有诱发各种疾病的可能。尤其是病毒、病菌的传播,还使伤寒、痢疾等疾病通过水体蔓延。水域扩大也导致蚊虫孳生,引起流行疾病。在钉螺孳生地区,钉螺在水流中的迁移可能导致血吸虫病扩散。③跨流域调水也加大了受水区水污染的风险。调水在促进工农业发展的同时,带来新的污水排放量,从而排入水体、造成污染,对受水区的生态环境造成不利影响。例如:南水北调中线工程源头的汉江,由于山西省旬阳县境内重金属工业向其排放废污水,污染物已经超标,有可能对受水区的水质造成不利影响。[①] 如果发生重大、突发水污染事件,且处理应对不及时,还将造成更大范围、更持久的生态灾难。

所以,生态系统有其自身的结构并显示出特定发展、演化规律,要求系统内部各要素之间密切联系且使其稳定发挥功能。但是,跨流域调水作为人类活动,会减少调水区水资源总量,增加受水区水资源总量,进而减少或增加各自水循环总量,影响各自区域的降水和蒸发,使土壤调蓄量和地下调蓄量随之增减。跨流域调水工程的规模越大,对生态环境的影响越大,环境风险也就愈加复杂和综合化。

二、水权市场与水环境安全

1. 水权市场建立以水环境安全为前提

准市场模式的环境目标,旨在保障跨流域调水水环境安全,有效促进经济社会可持续发展,使调水资源在满足人们生产生活用水时,对流域水资源、环境及其生态不产生负面影响。跨流域调水水环境安全的含义是:①水量安全。即保障跨流域调水沿线生产生活用水的可持续利用,避免出现枯水期无水可调的情况,而且要对生态环境用水进行合理考虑。②水质安全。水污染防治在跨流域调水管理中具有重要地位,调水区应采取积极环保措施,提供清洁和优质的外调水,受水区享用优质清洁的水资源应提供恰当补偿。③水生态安全。跨流域调水更容易造成对生态环境现实、潜在的破坏,人们在获取调水收益时,应更多尽到保护生态环境的责任。④水战略安全。跨流域调水改变了原有人与人之间的利益关系,也改变着人与自然之间的关系,因而使整个国家的用水战略增添了新内容,甚至影响到经济秩序、政治关系和国家安全。

生态环境用水是重要的考虑。水权划分中应该包括生态水权,

---

① 王金贵,肖秀芹,武立辉,等. 调水工程的生态环境效应[J]. 水利科技与经济,2008(1):60.

并在水资源规划、水资源管理中实现生态水权。生态水权具体表现为维持生态与环境功能所需的水量，就水体、河流而言，最小流量的确定尤为重要。河流及其生态系统依靠一定水量加以维持，水量对于生态保护的贡献依其功能各有不同，特殊目标水量、冲沙水量和最小流量分别发挥着各自的作用。特殊目标水量关乎水的特殊和有益用途，湿地便有效保护了生物多样性的健康和发展，对于需要季节性积水或湿地的动植物，特殊目标水量更加重要。冲沙水量常常伴随暴雨事件出现，对于保持渠道结构和生态系统非常必要。但是，最小流量是特别敏感的流量限度，有些国家或地区甚至要求最小流量接近自然水位。

许多国家都非常重视对最小流量的保护，国际上通常认为一条河流调水不能超过 20%，用水不能超过 40%，否则会对生态环境造成严重影响。法国《乡村法》规定，河流最小流量不能小于年平均流量的 1/10，当河流多年平均流量大于 $80m^3/s$ 的时候，政府可以依照不同河流的具体情况制定相应法规，但最小流量不得低于多年平均流量的 1/20。在日本，通过"维持流量"进行水量的计算与分配，它具体指满足航运用水、渔业用水、生态用水等多方面用水的流量。"维持流量"成为满足生态保护、工农业发展、水上运输等诸多项目要求的必要流量，常常支持每个项目需要的最大流量值，生态水权的计算是其重要内容。

为了更好的实现生态水权，达成分水协议是立法的重要补充。在我国黄河水量分配实践中，生态水权便是依靠协议达成的。1987年黄河分水协议中载明：黄河多年平均水资源量为 580 亿 m^3，其中沿线省份可以按各自配额共利用 370 亿 m^3，余下 210 亿 m^3 视为生态和环境用水。[①] 在生态系统需水中，特定数额的水量是生态保护的前提和基础，但水质在大多数地区都和水量密切关联。生态系统

---

① 丛振涛，倪广恒. 生态水权的理论与实践[J]. 中国水利，2006(19):23.

需水首先取决于水量,而水质也不容忽视,水质需求是水生生物得以栖息的关键,也对两岸动植物生长产生重大影响,甚至与各种食物链的营养级都形成了有机联系。当水从上游地区调出,用来满足下游地区生态需水时,水质问题变得越来越重要。

2. 水权价格包括资源水价和环境水价

正常自然生态系统的维持和环境保护,在很大程度上依赖于人们对水资源产权的配置。跨流域调水水权市场的经济效益,与生态环境和水资源系统相关,并且依赖于水资源系统。许多能以货币形式表示的收益,极大程度上依赖于环境质量,以及水资源和生态系统的正常状态。环境与生态系统恶化,不仅带来长远的经济代价,而且使大多数动植物健康和生命力降低,人类也受到其生活区域内环境质量的直接或间接影响。除非在效益—成本分析中,把环境与生态系统的价值影响考虑进来,否则,经济发展替代方案的效益—成本分析是不完善的。尽管评估经济发展替代方案的环境和生态影响非常困难,但对于这些系统可持续长远规划、发展与管理非常必要。

跨流域调水水权市场的建立,不仅要体现水资源经济价值,而且要内涵水的资源和环境价值。1992年,联合国环境与发展大会提出要求,"价格应反映出资源的稀缺性和全部价值,并有助于防治环境恶化"。我国政府《关于出席联合国环境与发展大会的情况及有关对策的报告》中指出:各级政府应更好地运用经济手段来保护环境,把自然资源和环境纳入国民经济活动核算体系,使市场价格准确反映经济活动造成的环境代价。当前,发展各类生产要素市场,反映资源稀缺程度,将资源、环境要素纳入价格改革体系已经在我国进入深化阶段。

在我国历史发展过程中,水价一直被低价或无偿使用。1965年以前,我国水资源都是无偿使用的。同年,水利部《水利工程水费征收使用和管理试行办法》出台,该办法也未考虑供水成本。到1985年,国务院颁布《水利工程水费核订、计收和管理办法》,对供水成本进行了具体规定,其中还是没有包括水资源本身的价值。直到《中华人民共和国水法》(2002年修)颁布实施后,才实现了水资源有偿使用,各地先后征收了水资源费,但是水价依然非常低,无法充分反映水的资源价值和环境价值,导致水资源与环境的保护缺少经济激励,水资源浪费和环境恶化的状况没有得到遏制。

水资源价值体现在它既有稀缺性又有效用性。水资源因其稀缺性成为人们关注的焦点,当人们对水资源占有和使用造成水资源不足时,它的经济价值大幅度提高。有时,水权是完全没有价值的,水量多到可以满足每个人的任何需要。当水很稀少,无法满足人们各种需要或全部需要时,控制和利用水的权利就变得有价值。跨流域调水可以缓解部分地区和一定时段水资源短缺的矛盾,但不是解决水资源稀缺的根本办法,必须与水权市场结合起来。水资源的效用性也非常明显,水是资源经济物品商品化的结晶,是看得见、摸得着、实实在在的物质产品,具有使用价值与价值统一的特征。在经济系统中,水资源对经济社会发展需求的满足程度和效益称为水资源经济价值。水资源经济价值具体表现为生产价值、发电航运价值、水产品价值等。[①]

因此,水权既是量上的概念,又是质的概念。水质评价因素不仅包括污染程度,而且包括水生动植物生长状况、水的酸碱度和含沙量等,质与量两方面的统一都是水权不可缺少的属性。在我国水权制度建设过程中,水量和水质问题不可有任何偏废,这既是水权理论发展的需要,又是水权实践的关键所在。[②] 我国跨流域调水沿线还存在许多污染源,如果不采取有力治污措施,调出受污染的水,就会使

---

① 吕翠美.区域水资源生态经济价值的能值研究[D].郑州:郑州大学博士论文,2006:26.

② 张郁.我国跨流域调水工程中的生态补偿问题[J].东北师大学报(社会科学版),2008(4):25.

输水区和受水区水质无法保证。丹江口水库内神定河、老灌河、堵河、浪河等入库河流污染严重,河口及局部库湾水质超标;城市工业、生活污水大部分未经处理排入下游河道或汉江,造成水体污染;农业化肥过量施用或不合理施用,农村家畜粪便和垃圾的随意堆放;汉江下游污染范围逐渐扩大并日趋严重。[①] 南水北调涉及的省、市、县,许多地方水源已被污染,尤其是中小皮革厂和造纸厂废污排放问题严重,许多地下水亦被污染。这些地区是南水北调输水线路的必经之地,调水水质难免不受影响。[②] 跨流域调水还增添了生态破坏的风险,使地区之间物种的迁移更加频繁。南水北调工程贯通长江、黄河、淮河和海河,工程对沿线河流及其生态环境产生了很大影响。例如,东线输水将抬高湖泊水位,根据预测、洪泽湖水面将上升 0.5m 后才渐趋稳定。水位升高还影响到湖泊中微生物的生长分布,进而影响到鱼类等食草生物的成长,导致水体生态系统结构发生变化。跨流域调水一旦使生态系统遭到破坏,控制起来就非常困难。[③]

产权配置为准市场模式的环境目标提供了新思路。水权市场的建立要求调水资源的开发利用不破坏水资源质量,能实现水质长期满足用水户需求,污染物排放量不超出水资源自洁能力,实现污染治理费用成本最小、生态平衡和生态发展。

① 张中旺. 南水北调对湖北经济发展影响及两江水资源的综合利用研究[J]. 襄樊学院学报,2010(1):5.

② 王钦安,马耀峰. 南水北调中线工程陕南水源区水环境研究[J]. 水资源与水工程学报,2008(1):77.

③ 周万平,郭小鸣,陈伟民. 南水北调东线一期工程对洪泽湖水生生物及生态环境影响的预测[J]. 湖泊科学,1994(2):131.

第三节 社会目标

一、跨流域调水的社会影响

1. 跨流域调水的社会效益

跨流域调水是解决我国水资源天然分布不均的战略性工程，对于促进我国水资源合理配置，构建社会主义和谐社会意义重大、影响深远。

(1)有利于加速解决农民、农村及农业问题。跨流域调水使农村、农业及生态用水增加，有利于解决农村地区围绕水资源而存在的健康与发展问题，从而提高土地质量、促进环境治理和生态恢复。具体地说，跨流域调水一是改善了我国水资源与土地资源不匹配的局面，使水资源与土地、光热资源相结合，提高缺水农作物的粮食产量，促进农业生产发展，增加农村居民收入。二是提高了城市水资源承载力，加快了城市化进程，提高了农业人口向城市转移的速度，实际上也增加了农村居民占有的水资源量，有利于促进农村生产力发展。由于我国农村人口仍然占有相当大的比例，而劳动生产率却比较低，农村劳动力的转移是改善农民收入的有效措施。

(2)有利于城市就业规模扩大。跨流域调水提高了城市水资源承载力，城市供水增加、基础设施及投资环境的改善有利于吸引国内外投资，从而促进就业。如调水提供了工业发展所必须的水资源，一些缺水企业将重新复苏甚至扩张，因而可以吸收农村剩余劳动力到工业企业，有利于解决城市和农村人员就业、务工问题。另外，跨流域调水带来的水供给条件改善，会促进产业结构调整、显著改善就业质量，使就业问题不仅在量的层面有所增加，而且在工资收入、劳动保障上更好改善。跨流域调水促进了产业结构调整、经济增长，也促进了人民收入提高，这对于解决我国人口多、就业压力大的问题具有重要意义。[①]

（3）有利于协调城乡经济发展的矛盾。跨流域调水拓展了城市发展空间，水资源增加使环境得到改善，为农村人口向城市聚集提供了条件。由于调水使城市供水量增加，不仅促进城市自身快速、可持续发展，也有效带动了农村地区发展。在大中城市周边、城市和农村之间的走廊地带，还兴起了一批中小城镇，表现出调水资源供给带来的城市经济聚集效应和规模效应。显然，跨流域调水扩大了受水城市发展潜力，突出了城市在我国经济发展过程中的地位，以特定城市为圆点形成辐射圈带动着周边地区发展，实现了城市规模溢出效应，加快了城市化进程。当前，我国经济发展就是要提高城市化率，促进城乡二元结构的趋同，实现城乡经济一体化。赫希曼提出了不平衡增长论，佩鲁也阐述了增长极理论，这些理论在用于对城市化发展进行评价时，描绘了城乡经济发展差距缩小的未来景象，尽管调水后一定时期内由于城市发展迅速而出现极化效应，城乡差距甚至会扩大。威廉姆逊的倒"U"理论中，也指出了经济快速发展对均衡的依赖，发现区域之间在发展上的差异存在"U"型关系。[②] 所以，在实施跨流域调水的初期，或将加大城乡在经济发展上的差距，而随着市场逐步成熟或政府干预的增强，城乡边界逐渐变得模糊，城乡经济开始协调发展。在一个较短的时期内，跨流域调水可能导致城乡差距变大，但结果终究有利于城乡经济一体化，并加快农村地区经济社会发展。

2. 跨流域调水带来的社会问题

跨流域调水也带来了一些无法回避的社会问题。由于调水沿线各种利益关系非常复杂，围绕调水利益时常发生种种冲突。例如，不同行政区域的政府有其自利性，往往选择最有利于自己管辖区域的

---

① 何晓光. 南水北调工程调水期的社会发展影响[J]. 水利发展研究, 2003(4):15.
② 熊玲, 吴婷, 沈菁. 倒U理论与我国区域经济差距分析[J]. 技术与市场, 2006(8):58.

方式来建设和发展。经济利益的相对独立,使地方政府的经济活动总是以本区利益为导向,不可避免在各行政区域之间产生利益冲突,形成不同地区在生态环境整治、经济开发上的矛盾,表现出局部最优并不等于整体最优。

跨流域调水的核心问题是,调水区必须保证良好的水质,而这取决于调水区水源涵养和环境保护状况。为了提供充足并优良的水质,环境保护和水源涵养必须付出成本;调水区要加强植被覆盖以防止或减少水土流失;要防止将有毒有害物排放到水体以防水质污染;要关停并转高污染高排放的产业以发展环保节水型产业。调水区生态保护良好,具有明显的利益溢出效应,受水区才可以享受生态保护的好处。目前,在跨流域调水沿线生态治理中明显存在着成本收益的空间异置特征、外部性和"搭便车"现象,受水区无偿享用优质水源,这是不公平的。

我国引滦入津、引黄济青等大型调水工程都由政府主导完成,受水区基本上无偿使用这些成本极高的水资源,不利于调动调水区水质保护的积极性,最终影响到水资源的可持续调配。[1] 调水区为了保护水质,放弃了原有高污染、高耗水的产业项目,不但付出了巨大的生态保护成本,而且在一定程度上丧失了发展的机会成本。如果调水区的付出没有任何回报,在经济发展受到许多限制的情况下还要保护水资源,这种不公平待遇将严重挫伤其保护生态环境的积极性。

二、水权市场与公平正义

1. 跨流域调水以公平正义为社会准则

跨流域调水水权管理的准市场模式,不仅关心社会正义,也关注

---

[1]　李磊,杨道波. 流域生态补偿若干问题研究[J]. 山东科技大学学报(社会科学版),2006(1):51.

生态正义的目标。公平正义是基本的人类价值,以公平正义作为社会准则,重在衡量社会地位与交往的结果应该是平等的。

　　古代社会没有过多的制度来表现正义,自然的客观规律将正义向人们进行有效的展示,人们认为自然法则就是正义。随着社会进步,正义从自然的外衣下被剥离出来,进入了人类的视野。在对正义进行梳理时,人们更倾向于将正义运用于人类社会之间,正义仅仅表现为人与人之间的关系。现代社会资源环境问题大范围凸现,人们又发现将正义置于人类社会而脱离自然的背景下,很难解决自身所面临的各种环境问题,应当让正义回归自然,生态正义应运而生。尤其是 1991 年 10 月,美国通过《环境正义原则》的声明之后,生态正义运动在全球范围内得到了极大发展。生态正义也是我国生态文明建设的重要内容,生态文明建设是否取得成效,需要生态正义作为基本的衡量标准,从而实现人与自然之间关系的和谐状态。

　　自从亚里士多德将正义划分为"矫正正义"和"分配正义"之后,众多学者对正义及其如何实现问题进行了激烈争辩。正义被魏德士从客观上界定为社会共同生活正直的、道德上合理的状态和规则。[①]尽管正义观的内容在不断变迁,但它始终不能脱离与价值相联系的特征。经济学家运用"帕累托最优"与"卡尔多—希克斯量表"探讨何为正义,认为社会政策和大部分规则会产生输家和赢家,基于成本和社会整体福利水平的考虑,如果对输家的补偿仅仅存在于假设中,这种讨论便缺失了一个概念就是公正,也即忽略了分配正义的存在。[②]正义是在公平范围内的正义,公平是体现正义的公平。"作为整体公平的生态正义",强调以生态整体主义为指导思想,追求生态公平的价值目标,公平分配污染治理和环境保护费用,加强人们在环境保护领域内的沟通与合作,实现人们在公平正义框架下的和谐关系,从整

---

①　[德]魏德士.法理学[M].吴越,丁晓春,译.北京:法律出版社,2005:176.

②　[英]劳埃德著.法理学[M].许章润,译.北京:法律出版社,2007:244.

体公平的视角重新认识不同利益主体之间、区域之间的关系。①

2. 水权生态补偿是社会公平的推手

生态补偿是"实现社会公平的一项重要制度性措施"。② 生态补偿体现出了人类对公平正义的追求:对人的补偿使得生态保护者能够在保护生态的同时不丧失自身发展的机会,且对生态的保护责任能与受益者进行公平合理分担,不再独立承受。对生态环境的补偿也体现出人与生态环境之间越来越公平的趋势,人们对自然环境不再是毫无节制的进行攫取,而是更理智地进行利用并做到足够保护。生态补偿是追求公平正义的具体形式,调水区限制自身发展,投入大量人力、物力和资金保护生态环境,受水区理应对此进行补偿。生态补偿能够有效解决调水区和受水区因生态环境保护责任分担中的公平问题,是实现生态正义的保障、社会公平的一个推手。③

社会公正源于对物质禀赋和结果的再分配,目的是要实现市场交往后的平等,是依赖于按预设的平等标准重新分配产权的集体行动。随着我国跨流域调水工程不断增多,调水带来的问题日益突出,出现了水污染、水土流失和水资源短缺等问题所引发的纠纷,尤其是在我国水资源产权制度不完善的情况下,有的地方政府对排污企业未采取有效管制措施,放任排污,导致受水区污染严重、经济损失重大,成为经济社会可持续发展中的突出问题。

从经济学角度看,产权对于生态补偿意义重大。通过认同水的资源价值和环境价值,市场手段将调水区生态利益纳入生产成本是较好的选择,被明确界定的水权是市场健康运行的保证。调水区投资于环境保护,带来的生态收益让受水区一起享受,受水区就应当向调水区实施补偿,体现出对调水区地方政府及其居民财产收益权的

---

① 黄明健. 论作为整体公平的生态正义[J]. 东南学术,2006(5):131.

② 张廉. 社会公平视角下的生态补偿制度[J]. 宁夏党校学报. 2007(3):59.

③ 梁柱. 生态补偿:给社会公平一个推手[J]. 环境,2005(4):76.

明晰和保护,最终有利于市场机制在跨流域调水沿线政府间的实现和对资源的有效配置。[①] 特定区域和人口,其可支配的水资源是有限的,一旦水权问题得到明确,调水区不能因为取水便利而无节制用水,受水区也不会因为取用水机会差而失去生活、生产的基本用水条件,同样会以水权额度内的水资源来安排和发挥出最佳的综合利用效益。当一个地区或一个单位,通过改变生产内容提高水资源利用方式与利用技术,而取得节水成效后,它就可能将节约出来的水用于扩大再生产或用于市场转让。水权生态补偿是可行的措施。

基于可持续发展的水资源产权配置,有助于实现社会公平,提高人类生活质量,有助于增强社会的长远可持续性。

---

① 王勇. 流域水环境保护的市场型协调机制:策略及评价[J]. 社会科学,2010(4):35.

第四章　跨流域调水水权管理
准市场模式的模型分析

第一节　水权科层结构模型

一、制度科层概念模型

1."制度科层概念模型"的理论基础

对自然资源产权结构进行描述的早期,一般采用两分法,将产权公有或私有看成完全对立的两极,是非公即私完全相反的制度安排。亚当·斯密以来,最受主流经济学推崇的产权结构是私有产权,市场被认为是最有利于国民财富增长的机制。私有产权指产权所有者对财产排他性占有、使用、收益和转让的权利。只是在社会实践中,产权常常会受到一些限制,从而导致私有产权的削弱。非私有的产权在早期都被纳入共有产权,常常专门用来指自然资源的产权特征。

20世纪70年代开始,产权结构的两分法因过于简单而遭到批评,很多学者认为将非私有产权都纳入共有产权的做法过于笼统,未能描述居于公私产权之间有限群体拥有的产权。张五常认为,产权结构存在多种多样的形式,公有产权和私有产权是产权安排的两个极端,更多的产权状态居于这两者之间。① 巴泽尔具体指出了产权的三种形式,除了共同财产和私有财产,在这两者之间还存在不完全

---

① 张五常.共有产权.经济解释——张五常经济论文选[M].北京:商务印书馆,2000:427.

界定的产权。他认为人们对产权的认识是理性的,当人们相信产权收益大于成本时将自觉运用权利;而产权收益小于成本的时候,人们就拒绝使用权利。斯蒂芬森曾给出四分法的产权描述,即国有产权、私有产权、共有产权和开放利用,这是根据权利持有主体的性质,使产权重要性体现在资源进入和利用方面。

进入 20 世纪 90 年代,埃德勒·施拉格、埃莉诺·奥斯特罗姆等许多学者都更为深入认识了产权结构的复杂性。他们将产权看成是一组权利,包括进入权、提取权、管理权、排他权和转让权五种权利。他们认为产权关系的参加者并不一定同时拥有这些权利,很多情况下只能部分拥有。产权关系的参加者可以分为四种类型:拥有所有权的参与者是所有者,拥有其他权利但不拥有转让权的参与者是业主,拥有管理权、进入权和提取权的参与者是索取者,只有进入权和提取权的是授权用户。为了验证基于这种分类而形成的框架,施拉格和奥斯特罗姆对沿海渔业展开了调查研究,找到了实践中对应四种产权的多种实例。奥斯特罗姆对公共池塘资源的使用问题进行了多层次分析,提出了决定产权各个层次的相关规则,并指出各层次的规则之间具有嵌套性,下一层次的行动规则,总是受制于更高层次的规则,所有层次共同构成"嵌套性制度系统"。[①] 关于产权的多层次属性、嵌套性制度系统的分析,是奥斯特罗姆的重要贡献,在学术界产生了很大影响。

2."制度科层概念模型"的内容

澳大利亚学者瑞·查林以奥斯特罗姆的理论为基础,提出了"制度科层概念模型",对自然资源产权结构进行描述。[②] 该模型包含的主要内容如下。

①　埃莉诺·奥斯特罗姆.公共事务的治理之道[M].上海:上海三联书店,2000:75.

②　王亚华.水权解释[M].上海:上海三联书店,上海人民出版社,2005:109.

(1)在划分产权类型的时候,以权利持有者的性质来看待决策实体。国有产权即政府实体,共有产权指有限联合的实体,开放进入则意味着资源利用上缺少决策实体。

(2)对自然资源产权展开多层次分析。从国家宏观控制自然资源,到私人个体开采利用自然资源,两者之间存在其他决策层。个人或其联合体对资源的产权应该被考虑在内。每个层次的决策实体都有自己的管理目标,并因而表现出自己的策略空间。

(3)每一产权层次都蕴含三种管理制度。赋权体系指产权持有者在资源分配时依据的权利体系。初始分配和再分配机制是产权在持有者手中初次分配或再分配的方法。

(4)"产权科层"是嵌套在"制度科层"中的。所有的产权层次一起构成产权科层系统,并形成相应规则体系。每一层次上的决策内容都不相同,并且表现为各自的产权类型。下一层行为受制于上一层确立的规则,每类产权都会受到来自上面各级产权的影响。

3."制度科层概念模型"的贡献

"制度科层概念模型"及其有关理论,是产权经济学在发展过程中取得的显著成绩。[①] 具体表现如下。

(1)查林通过决策实体的性质来划分产权类型。他指出决策实体对简单的产权结构并无必要,而相对复杂的产权结构来说,根据决策实体的状况区分产权性质则非常实用。在操作方法上,查林希望依照考察决策实体对资源开发利用是否有决策权,从而明确产权的持有者。相对传统方法对产权类型的识别,这种方法的优点是清晰、直观。查林认为决策权指对资源利用可以进行选择的权利,这样的认识阿尔钦也曾经论述过——产权就是在资源选择利用上的决策权,即事实上的选择权才是真实的产权。决策权可以从很多方面表

---

① 王亚华．水权解释[M].上海:上海三联书店,上海人民出版社,2005:111.

现出来,具体包括选择资源的数量、用途及方式等。决策权对于产权主体来说,体现了权利的本质属性,是产权主体权利意识的反映。追根究底,是决策实体对资源的选择或利用权,无论个体或者团体作为决策实体,都可以成为产权的持有者。

(2)查林认为,自然资源产权结构是一个科层结构。开发利用自然资源的决策实体也是层次性分布的,不同层次的决策实体具有不同目标,因而会制定出不同的决策。科层结构使人类对共有产权的描述变得更加细致和准确,从而避免了对非私有产权过于笼统和模糊的认识。对于复杂的、特别是流动的自然资源,科层结构也能够真实的描述其产权特征,这是产权理论的新发展。

(3)制度与持有产权的决策实体,共同构成了产权层次。在每一个产权层次上,都存在赋权体系、初始分配和再分配制度。赋权体系可以通过配额体系来理解,正是配额体系决定了资源的排他性权利。配额包括产出配额、投入配额。初始分配机制指科层结构中初始配置产权的方式或方法,通常涉及是采取行政还是市场的方法分配资源。再分配机制是科层结构中上一层次向下一层次赋权的方法,通常也包括行政或市场分配的方法。

(4)查林出色地解释了"制度科层"的内涵。他指出:在科层结构的各个层次上,同样的决策在有效性方面存在很大差异。同样的决策,在某些层面进行,带来了明显收益;而在另一些层面进行,则收益为零或更低。如果我们将决策赋予产权科层结构的不同层面,则可以使交易成本最小化,实现资源管理的整体最优。意即倘若在科层结构的每个层面,制度选择都遵从交易成本最小化原则,我们在社会实践多样化的制度选择中就会变得游刃有余,这也可以解释制度科层的变迁。查林的这项研究是交易成本经济学应用于自然资源和环境管理领域的成功范例,是"自然资源和环境制度经济学"的奠基性工作之一。

二、水权科层概念模型

1."水权科层概念模型"的依据

查林关于科层结构的适用性,使它能够在更大范围上描述自然资源的产权结构,使"地表水利用的科层制度概念模型"得以提出,如图4-1所示。该模型运用制度科层理论,对澳大利亚墨累—达令流域的水权结构变迁予以描述,并借助交易成本理论揭示了澳大利亚200年来水权制度的演变过程。在查林"地表水利用的科层制度概念模型"中,水权科层结构由不同层次组成,每一层次的水权持有者都按照赋权体系和分配机制确定的规则运行权利。赋权体系包括投入配额和资源配额两种形式,分配机制被划分为行政方式和市场方式。科层结构用于水资源产权结构的描述,这为"水权科层概念模型"提供了可行性。

2."水权科层概念模型"及其意义

王亚华提出了"水权科层概念模型",如图4-2所示,用于描述中国的水权结构。该模型由查林"地表水利用的科层制度概念模型"发展而来,将科层理论用于解释中国的水权状况。王亚华认为,中国的水权科层结构由四个不同的层次构成,即中央、地方、社团和用户。"水权科层概念模型"依然包括决策实体、赋权体系、初始分配和再分配机制等产权科层结构的要素。运用该模型,王亚华考察了中国历史上的水权结构,也对新中国和我国转型时期的水权结构进行了分析,将中国历史上的水权制度置于水权科层系统中加以探讨。王亚华重点研究了中国古代水权结构的变化,并找到了影响水权结构变化的诸多因素。例如:水权初始分配从审帖制向水册制转变;水权再分配机制中越来越多出现了市场的作用。"水权科层概念模型"丰富了产权制度科层理论,反映出科层理论在自然资源产权表达中的重要作用。随着我国市场经济的发展,为应对水资源日益稀缺的状况,

制度科层的层次　　　　　　　产权的持有者、赋权体系和分配机制

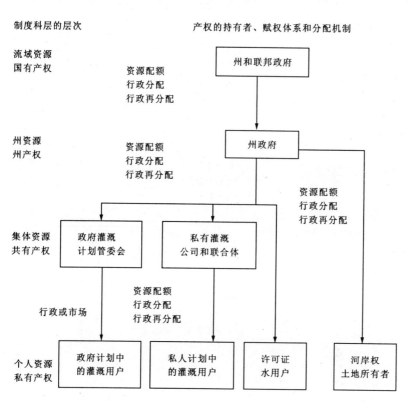

图 4 - 1　地表水利用的科层制度概念模型[①]

自然资源科层理论引入意义重大,对推进我国自然资源管理颇有助益,特别适用于水资源、水环境的管理。

具体地说,"水权科层概念模型"提供了运用科层理论解释中国

① 资料来源:Challen,Ray. Institution Transaet,on Costs and Environmental poliey: Institutional Reform for Water Resources,Edward Elgar Publishing,Inc, 2000: 22.

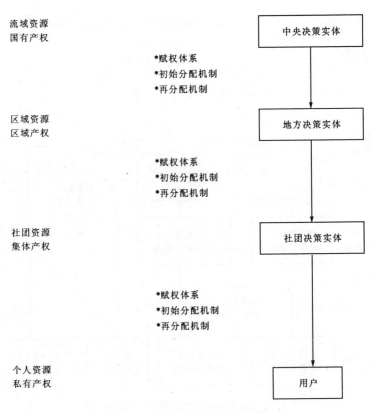

流域资源
国有产权

*赋权体系
*初始分配机制
*再分配机制

区域资源
区域产权

*赋权体系
*初始分配机制
*再分配机制

社团资源
集体产权

*赋权体系
*初始分配机制
*再分配机制

个人资源
私有产权

中央决策实体

地方决策实体

社团决策实体

用户

图 4-2　水权科层概念模型[1]

水权制度变迁的可行性。

（1）说明科层理论能够用于解释中国的水资源产权问题。查林解释了资源利用的决策在不同层面进行，可以使资源管理决策的交易成本最小化。这是因为决策的有效性与许多要素相关联，如决策

①　资料来源：王亚华．水权解释[M]．上海：上海三联书店、上海人民出版社，2005，122

者对信息的占有程度、社会偏好等,权力过于集中导致决策面临着更大的风险。由于不同决策实体占有的信息不一样,将决策权赋予成本收益比最佳的某些层面的实体,将增添决策有效性。水资源具有流动性,多重决策的特征更为显著,决定了最佳决策实体的多重性,因而使水资源的产权呈现分层结构。中国治水的结构,决定了水权的科层结构。

(2)说明科层结构中引入了市场的动力。王亚华认为,即使在一个纯粹的科层系统中,随着时间推移,也可能会产生引入市场的动力,在原有行政分配系统中融入越来越多的市场成分。根据水权结构变迁理论,市场方式之所以取代行政方式,成为一种更有吸引力的选择,是因为在新的环境中,市场方式有更高的成本有效性。这种逻辑意味着,在一个严格意义的科层系统中,如果随着环境变化,行政方式的使用成本增大,或者利用市场方式的成本减小,则科层结构中引入市场的动力就会出现。水权分配中的行政方式和市场方式,并不总是相互排斥的关系,而是往往结合在一起使用,以节约制度的总体交易成本。

三、跨流域调水水权制度科层模型

1."纯粹的水权科层结构"

王亚华认为,"纯粹的水权科层结构"是一个特殊情形,其特殊在于水权初始分配机制和再分配机制全部采用行政方式,如图4-3所示,水权科层结构是一个行政分配系统。

"纯粹的水权科层结构"可以用于解释我国跨流域调水水权管理行政模式。该模式中,中央政府作为最高决策实体通过统一规划制定水量分配方案赋权给地方政府,地方政府以同样的方式继续往下赋权,跨流域调水工程由中央财政或者上级财政投资,用水者无条件受益。地方初始水权分配采用的也是行政方式,区域用水随着时间推移由上级加以调整,水权再分配采用的还是行政方式。社团层面

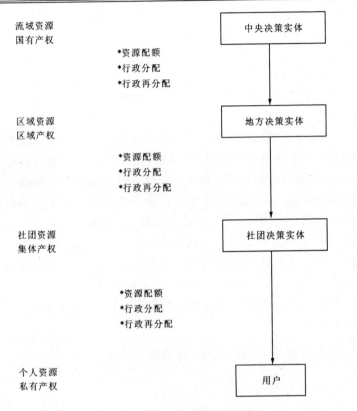

图 4-3　纯粹的水权科层结构[①]

　　的水权再分配同样是行政方式,随着取水量增加,社团和用户层面的决策实体数量急剧增加。

　　这种赋权方式在我国法律规定中得以证实。2006 实施的《取水许可和水资源费征收管理条例》,其中第二条、第十条和第十四条规

　　①　资料来源:王亚华. 水权解释[M].上海:上海三联书店,上海人民出版社,2005:160.

定:一是开发利用水资源的单位和个人,应当依法申请取水许可证,并缴纳水资源费;二是申请许可证需要遵守法律规定的具体程序;三是取水许可实行分级审批。《中华人民共和国水法》和该条例的有关内容说明,我国长期以来实施的跨流域调水水权管理是行政许可制度,各级政府负责颁发取水许可证书,赋予调水沿线水权主体的用水权利。不同流域之间水量余缺的调剂需要向国家提出有关申请,国家机关负责审核之后,决定是否予以批准。在这个水权管理行政系统中,虽然水权的排他性正在逐步增强,但水权的外部性非常明显,水权运行的效率比较低,"水权模糊"现象仍然非常严重。在特定社会发展阶段,水权模糊是合理的历史现象,具体原因是清晰界定水权的成本比较高,水权模糊具有成本有效性。出于节约成本的考虑,行政手段在特定社会条件下具有合理性,而水权模糊是行政配水的核心内容。

2."跨流域调水水权制度科层模型"及其特点

在"纯粹的水权科层结构"中,利用行政方式分配水资源的优势不是绝对的。利用行政方式配置的权利系统一旦显示出与资源配置的低效率相联系,丧失了成本有效性优势,就有可能让位于市场方式。市场方式能够更加准确地反映资源竞争性需求,将经济激励作用于每一个决策实体,带来资源配置更高的效率。随着资源稀缺带来的水资源价值提高,水资源低效率配置的机会成本增加。市场方式被引入科层结构有两种动力来源,一是管理成本上升,二是合作成本下降。管理成本上升,会引起整个科层结构的交易成本上升,科层结构逐渐变得失效;合作成本下降,均衡的治理结构向层级化程度更低的方向移动,市场方式会在一定程度上引入。[①]

就我国跨流域调水水权管理行政模式而言,一直运用行政方式

---

① 王亚华. 水权解释[M]. 上海:上海三联书店,上海人民出版社,2005,160.

配置权利系统。调水区根据国家行政指令调水,却承担了大量生态保护成本,使其丧失了调水的积极性,从而加快对水资源开发利用以求留住水资源。由于对水资源进行掠夺性开发,结果造成水资源浪费。同时,受水区无偿使用外调水,只需较低成本就可以获得较高经济利益,也刺激了受水区加大水资源开发利用的欲望,加剧了滥用水资源的程度。在这个行政方式配置的权利系统中,我国跨流域调水管理成本上升、合作成本下降已有突出表现。其中一个不容忽视的事实是:跨流域调水生态补偿的呼声越来越高。调水区在环境与生态保护的过程中,投入了大量人力、物力和资金,对一些高污染项目严格限制其上马,丧失了发展的机会成本。如果不对其进行生态补偿,将无法协调调水区和受水区之间的利益关系。调水区再也不愿意无条件听候行政命令而供水,单一行政补偿在协调调水沿线利益关系时显得力不从心。显而易见,过去仅仅通过政府补偿通常对水资源定价比较低,结果导致人们对水资源过度开发利用,事实上引发了更大程度或规模的环境与生态破坏;加上官僚体制本身的低效率、寻租问题的可能性,都大大影响了生态补偿的最终效果。由于缺乏对调水区进行利益补偿的机制,加大了行政协调的成本,行政协调变得费时耗力,调水区、受水区等各方难以达成一致。在引滦入津工程运行管理过程中,北京市以政府专项资金、项目的方式开展生态补偿,而承德方面要求建立永久性、以水权市场为核心的生态补偿机制。在南水北调工程中,2007年正式启动了丹江口库区及上游水土保持建设工程,实施生态保护的项目补偿,但由于陕西省安康市担心项目补偿结束后,生态补偿很难得到持续,这一地区水权生态补偿的呼声也很高。

　　新制度经济学的研究成果也显示,当某项制度的成本越来越低,达到一定程度时,制度变迁就显得非常必要。水资源丰富的条件下,行政调水实现了不同地区水资源分布的均衡,促进了资源稀缺地区发展,取得了良好的经济、社会效益。而随着水资源稀缺的日益严重,行政调水在缓解区域用水危机的同时,也出现了水资源浪费的问题,直接或间接地影响到调水沿线的利益协调,危及到整个利用行政方式配置的权利系统。如果市场方式开始用于水权分配,就意味着跨流域调水水权管理行政模式被打破,一种行政与市场双重运行的准市场模式开始形成。

"跨流域调水水权制度科层模型"如图4-4所示,反映了我国跨流域调水水权管理准市场模式的基本构架,该模式既坚持政府的宏观调控职能,又发挥水权市场在水资源配置上的作用,两者相互协调、共同促进跨流域调水工程良性运行。"跨流域调水水权制度科层模型"的特点表现如下。

(1)描述了市场化的水权管理体系。该模型有两个构成要件:包括决策实体、分配机制。决策实体有中央政府、地方政府、社团机构和用户四个层面,水源公司、供水公司、用水户协会等具体持有不同层面的水权。同一层面的水权决策实体包括三类制度,即赋权体系、初始分配和再分配机制。对应这三类制度,水权在不同层面水权持有者之间分割;水权初始分配按照行政或市场的方式进行,还可以按一定比例采取市场方式;水权再分配通过水权交易市场展开。引入水权市场后,政府通过其宏观调控作用,合理划分中央与地方政府管理职责。

(2)揭示了水权市场的运作机制。我国跨流域调水工程长期处于计划指令的管理环境中,已经出现了政府失效状况,而资产所有者主体缺位是其根本原因。过去,跨流域调水工程由国家投资,相应的资产及其收益完全归国家所有。水资源管理部门接受政府委托管理跨流域调水工程,但不对其盈亏负责,很难调动水资源管理部门的积极性。水权市场的建设与发展,将使水源公司、供水公司等有充分的自主权,独立自主、自负盈亏。他们基于自身利益的考量,会想方设法降低供水成本,提高经济效益。水权市场使以往靠行政指令运营外调水的模式发生了变化。

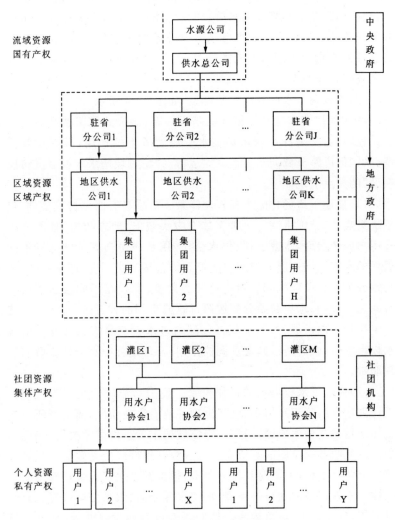

图 4-4　跨流域调水水权制度科层模型

（3）坚持了政府的宏观调控作用。水权市场进行资源有效配置需要相应的制度条件，理想中的完全竞争市场难以存在。外调水的准公共物品属性潜藏着市场失灵的危险，如果政府放手不管，就难以实现跨流域调水的生态、社会目标。供水公司以盈利为目的，关心供水、发电等方面经济效益的最大化，将促使企业把调水价格放在较高位置，带来用水户利益的损害，也促使用水户不愿意购买调水，导致跨流域调水工程无法正常运行；还有可能促使企业社会责任、环境责任淡化。况且，维护健康良好的经济秩序，开展污染防治、资源环境保护，仅靠供水公司进行显然不够，需要政府出面，或采取行政、法律的手段来管理和保障。

第二节　市场化的水权管理体系

我国跨流域调水水权管理准市场模式的运行，既要通过现代企业制度的建立，进行市场化经营机制改革，又要坚持政府的宏观调控。

一、国有水权的运作

在中央政府层面，市场准入是国家对市场进行干预的基本制度，也是政府管理市场的起点。为了保证垄断行业的安全性和稳定性，政府通过设立市场准入条件，限制特定行业中市场主体的资格和数目，有选择性的发放许可证。在政府的进入管制下，以特定跨流域调水工程为单位，组建水源公司和供水总公司。供水总公司的分支机构是驻省分公司。这些供水公司有供水的权利，但要履行供水的责任，要保障水资源供给的数量、质量和供水范围。中央政府负责向水源公司、供水总公司发放取水许可证，规定水源公司水价上限，协调水源公司与供水总公司间的利益，制定跨流域调水管理的法律法规。水资源费由水源公司统一向中央政府缴纳。

　　水源公司与供水总公司作为独立法人,相互之间是水资源买卖关系。供水总公司在与驻省分公司协商后,向水源公司提出需水数量、质量及供水时间等要求。水源公司根据水源区水资源状况,与供水总公司协商确定供水量、供水时间等。水源公司一般设在取水口所在的省或市,由中央政府与水源公司、供水总公司协商确定。水源公司、供水总公司在跨流域调水市场建设中起到总体控制作用,它既要保证水源区生态环境,又要充分发挥跨流域调水工程的效益,满足调水沿线的用水需求。供水总公司根据各驻省分公司上报的用水需求,向水源公司提出水资源购买意愿,再根据可购买水量对各驻省分公司实施配水,起到水量配置的协调作用。特别是在枯水季节,水资源异常紧缺和稀少,各省购水愿望非常强烈,当水源公司调水量不足时,供水公司如何协调显得至关重要,从而确保水资源公平分配,实现水资源优化配置。各省在水资源买卖过程中出现重大利益冲突时,还需要政府的作用,甚至运用行政手段平衡各方利益。

　　中央政府的宏观调控作用主要体现在:对水源公司取水行为和供水总公司配水行为的规范;对水源公司供水水价和供水总公司水价的调控;对调水水权初始配置中的利益转移和利益损失的补偿等。

二、区域水权的运作

　　在地方政府层面,驻省分公司听取地区供水公司和大型企业集团水计划,上报供水总公司,供水总公司与水源公司协商后确定各驻省分公司用水份额。驻省分公司负责向地区供水公司、大型企业集团供水。地区供水公司向市县自来水公司供水,并面向分散、小型的用水户。地方政府发放地区供水公司的取水许可证,规定驻省分公司水价上限,与中央政府水主管部门共同协商各驻省分公司之间及驻省分公司与地区供水公司之间的利益,参与制定跨流域调水工程相关法律法规。

　　初始水权的获得可以与投资分摊相联系。跨流域调水工程将水权与出资挂钩,各地区根据所需水量按比例分摊部分调水工程建设资金,政府将工程投资来源作为水权分配的重要依据,并通过特许权方式将调水水权授予企业或社会团体来经营和使用。具体地说,调水水权是跨流域调水工程沿线各地根据实际需水量,按比例投入建设资本金后获取的调水量使用权。由于跨流域调水工程为人工建设,不是天然河流,其流量相对稳定,一旦各省区申报了需要调水量,使跨流域调水工程建设规模得以确定,建设单位和水管部门又认为是可行的,且各省区已投入与需水量相应比例的建设资本金,就意味着可以获取最初申报调水量的调水水权,从而在根本上改变了调水资源产权不明,水资源管理部门政企不分,管理效益低下的情况。对于政府而言,其经营性资产部分投资在组建的股份制公司中转化为股份,由公司股东加以管理,政府所持的股权及其利益分配与其他投资者相同。同时,非经营性资产部分政府无偿投入,不形成调水公司股份。供水公司对农业用水、生态用水只收取运行成本,政府对生态用水、农业用水等采取补贴及相关优惠政策。

水权初始分配完成后,由于跨流域调水沿线经济社会发展不平衡或自然条件突然变化,存在着实际用水与供求预期不一致的情况。获得调水水权多的地区有可能实际需水量少于申请量;而获得调水水权少的地区实际需水量又大于初始申请量;或者没有获得调水水权的地区产生了新的用水需求。解决这些矛盾需要通过水权交易,对调水水权进行再分配。水权交易成为水权再分配的形式,使放弃水权的一方得到经济补偿,需要水权的一方能够充分利用水资源,提高了水的使用效益,并保证了水资源长期稳定供给。

三、集体水权的运作

在集体水权层面,可以充分发挥农民用水户协会的作用。用水户协会是水管理组织机构由集权走向分权的产物,是灌区范围内农民在自愿原则下,依法成立的非营利性农民用水合作组织,属于社会团体范畴,负责斗渠以下水利工程建设管理、水权管理及水事纠纷协调。1995 年 6 月 16 日,我国首个农民用水户协会在湖北漳河灌区正式挂牌成立,拉开了我国用水户协会实践的序幕。到 2007 年,全国已成立的农民用水户协会达到 3 万多个。目前,我国有 30 个省不同程度地开展了灌溉管理改革,参与的农村人口有 6 000 多万,管理的灌溉面积达到 660 多万公顷。①

农民用水户协会由农民用水户按自愿原则组织起来,互助合作、独立核算,用水户积极、主动参与用水管理活动。协会根据各用水户意愿制定用水计划和灌溉制度,就有关用水户权益的问题,向水行政主管部门反映、查询、提出建议;负责与供水公司签订合同。协会制定各用水户进行水权转让的规则,提供有关水资源信息和水权转让影响评价结果,组织用水户之间水权转让的谈判、交易和信息的公布,并监督交易的执行。

农民用水户协会的主要职责是抓好本协会内用水管理,引导用户种植低耗水、高效益的作物,推广先进的灌水方法,实行限额灌溉,定额管理。积极与水管单位联系放水事宜,按时购买水票,足额上缴水费。同时,通过农民用水户协会,可以搭建起一个水权交易平台。用水户在满足灌溉需求的前提下,结余部分可以进行交易;用水户协会之间、灌区之间依照法律规定,通过节水措施结余的水量也可以进行交易。水权交易的范围仅限于工程条件允许的农业灌溉用水,也包括适当比例的农业用水向非农业用水转移。

通过建立用水户协会,农民享有水权,从水权交易中得到了实惠。农民认识到水资源潜在的经济价值,积极投资节水设施,改进供水设备,极大地提高了水资源利用效率。通过水权交易,还提高了农民在水资源管理和分配中的参与能力,促进了水资源分配的公平性。

---

① 韩东.我国农民用水户协会的合法性初探[J].水利发展研究,2008(5):8.

第三节　水权市场的博弈分析

"跨流域调水水权制度科层模型"描述了水权管理准市场模式的样式,揭示了准市场模式的制度内涵及其运作机制。水权市场博弈分析则证明了水权管理准市场模式的绩效。

一、水权管理行政模式的低效率

长期以来,我国实行计划配置水资源的公共水权制度,由中央政府负责和管理水资源开发建设,提供水利建设经费,统筹向用水户分配水权,并可收回水权再重新分配,同时禁止水权的移转与交易。在跨流域调水水权管理行政模式下,有两种情况需要考虑。

1. 完全信息条件下的最优调水量

在完全信息条件下,中央政府在上马调水工程并设计调水规模时,是为了实现经济福利最大化,即:

$$\text{Max}_q\{S_u(q)-C(q)-[\alpha(q)+\beta q]\} \tag{1}$$
$$St\ S_u(q)-C(q)-[\alpha(q)+\beta q]>=0$$

上式中,S_u表示受水区的消费者剩余,是调入量的函数;C表示调水区的损失,也是调水量的函数;α是兴建调水工程的建设成本,是一次性投入,与调水工程的规模有关;β表示调水的可变成本,或边际成本,此处假设是一个常数。同时,工程上马的前提条件是受水区的受益(即消费者剩余)要大于等于水源地的成本和工程成本。

对式(1)求解,得到:

$$S_u'(q)=C'(q)+\beta$$

即调水的边际收益等于边际成本。如图 4-5 所示,调水的均衡点是 E' 点,对应的最优调水量是 Q' 点。C' 比 C 多了调水的边际工程成本。

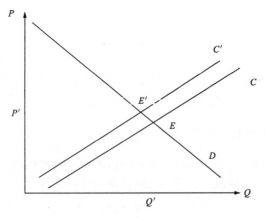

图 4 - 5　最优调水量

2. 不完全信息条件下的博弈分析

跨流域调水涉及众多利益团体,如调水区地方政府、水务部门、用水部门、环境保护部门,受水区地方政府、居民和用水部门,以及代表公共利益的中央政府、代表流域利益的流域管理机构等。为简化分析,在此将博弈参与人归结为三类,即调水区地方政府(代表调水区利益)、受水区地方政府(代表受水区利益)和中央政府 C(代表社会整体利益)。

在不完全信息条件下,中央政府耗巨资修建调水工程,调水区因为水资源没有得到合理补偿而对节约用水的激励不足,加之,其经济快速发展存在着对水资源的潜在需求,从而减少调水供给量;受水区因水价没有反映水资源的真实成本而低效率使用外调水资源,甚至夸大用水量指标。在此双重作用下,最终可能出现可调水减少、甚至无水可调的现象,造成调水工程效益低下及水资源浪费。

模型假设条件:一是调水区地方政府、受水区地方政府都是理性的经济人,追求地方利益最大化;二是中央政府追求社会利益最大化。

以调水区地方政府为例，当水资源被无偿调出时，调水区地方政府有过度使用水资源的激励。

假设水源地地方政府追求的地方利益是 π_1，受水区追求的地方利益是 π_2，则：

$$\pi_1 = \max px - c(x) \tag{2}$$
$$\pi_2 = -e(x)$$

对中央政府而言，追求整体利益最大化，即：

$$\text{Max}\pi_1 + \pi_2 = px - c(x) - e(x) \tag{3}$$

求解式(2)和式(3)，分别得到：

$$p = c'(x)$$
$$p = c'(x) + e'(x)$$

由于 $c'(x) < c'(x) + e'(x)$，因此，水资源价格偏低，有被过度使用的可能。

二、水权管理准市场模式的绩效

虽然中央政府可以采取一些措施(例如开展调查)来获得调水的成本和受益，但是与地方政府相比，中央政府仍然处于信息劣势，面临着信息不对称的局面。在信息不对称的条件下，中央政府依靠行政手段调度水资源，无法实现水资源社会福利最大化，面临着政府失灵。要使水资源得到合理利用，需要给水资源确定一个合理价格。这个价格既要包括水资源的开采成本、环境成本，还要包括水资源的稀缺成本。问题的关键是，水资源的价格如何确定？依据科斯定理，无论水资源的初始分配状况如何，只要水资源产权被清楚地界定，通过不同市场参与者的自由交易，就可以实现帕累托最优。换句话说，当水资源由公权变为私权以后，通过市场交易，可以改进社会福利。

1. 水权交易的福利效应

水权初始分配完成后，由于水权主体对水资源的需求是动态的、变化的,水权再分配成为社会发展的现实需求。水权交易不但能够促进水权的再分配,还会有效减少社会福利净损失,使水资源得以优化配置。

假设 x、y 是受水区需水户,水权初始分配的价格是 p_1,水资源供需的均衡价格是 p_2。当水权初始价格为 p_1 时,x 地区的水权配置量为 q'_x,y 地区的水权配置量为 q'_y,而当供需均衡价格为 p_2 时,x 地区、y 地区的实际需水量分别为 q''_x 和 q''_y。为简化模型,假设 $q'_x < q''_x$,$q'_y < q''_y$,且 $\Delta q_x = \Delta q_y$($\Delta q_x = q'_x - q''_x$、$\Delta q_y = q'_y - q''_y$)。如图 4-6 所示。

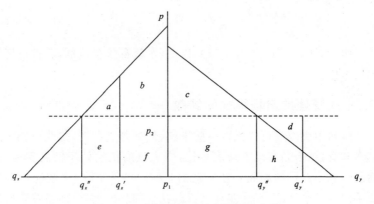

图 4-6　市场交易对社会福利的改进

(1)水权不可交易的情形下。如图 4-6 所示:相对对 x 地区来说,在价格为 p_1 的时候,其初始水权量为 q^1_x,消费者剩余为 $b+f$,比起水资源供求的均衡状态,其消费者剩余增加了 f,失去了 a;其消费者剩余变化的净额为 $\Delta w^c_x = f - a$,生产者剩余变化的净额为 $\Delta w^p_x = -f$,即 x 地区社会福利变化的净额为 $\Delta w_x = \Delta w^c_x + \Delta w^p_x = -a$。相对 y 地区来说,在价格为 p_1 的时候,其消费者剩余为 $c+g+h$,当

价格为 p_2 的时候,其消费者剩余为 c,比起水资源供求的均衡状态,其消费者剩余变化的净额为 $\Delta w_y^c = (c+g+h)-c = g+h$;比起水资源供求的均衡状态,生产者剩余变化的净额是 $\Delta w_y^p = -(g+h+d)$,其中 d 是因价格变化导致的生产者剩余的损失。因此,相对 y 地区来说,社会福利变化净额为 $\Delta w_y = \Delta w_y^c + \Delta w_y^p = g+h-(g+h+d) = -d$。对整个流域而言,福利变化的净额为 $\Delta w = \Delta w_x + \Delta w_y = -a-d$,即福利损失净额为 $a+d$。在水权不可交易的情况下,只要水权初始配置量与水资源实际供求量不相等,就显然会带来水权配置效率上的损失。

(2)水权可以交易的情形下。如图 4-6 所示:水资源丰富的地区 y,将节余水资源转让给缺水地区 x。双方按当前水资源供求均衡价格进行交易,地区 y 以价格 p_2 将水权量转让给缺水地区 x。相对地区 y 来说,其水权收益是 $\Delta qy * (p_2-p_1) = d+h$,与不进行水权交易的情形相比,增加 d 个单位收益。而相对地区 x 来说,其需要支付 $\Delta qx * p_2$ 个单位的货币,以求获取 Δq_x 的水权量,其福利变化净额为消费者剩余增加 a 个单位。

总之,由于水权初始配置量不是固化的,它与人们对水资源的实际需求密切相关,通过水权交易,不仅可以促进水权使用者之间收入再分配,还可以减少社会福利净损失,实现水资源优化配置。唯有改变转变水权制度,即由公共水权制度转向可交易水权制度,才能较好协调我国跨流域调水过程中的经济目标、环境目标和社会目标。

2. 准市场模式的水权博弈

科斯定理成立的前提条件是,市场交易成本非常低,可以忽略不计。但是,在现实世界里,市场交易成本往往非常高,需要水的一方常常很难找到愿意出售水的一方,即使找到也面临着艰难的讨价还价过程,从而使市场失灵。在此条件下,政府可以介入,通过培育市场、降低交易成本等,来克服市场失灵。如图 4-7 所示。

　　对调水区而言,随着调出水资源量的增加,每调出一单位的水资源,其边际成本递增,如曲线 C 所示;对受水区而言,随着调入水资源的增加,每调入一单位的水资源,其边际收益递减,如曲线 C' 所示。根据经济学分析,当调出水的边际成本等于调入水的边际收益时,外调水量达到经济最大值 Q',外调水价为 P'。

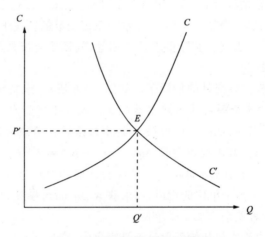

图 4 - 7　准市场模式的水权博弈

　　在水权管理准市场模式下,中央政府 C 先让水源公司 A 针对调水价格给出一个合理的报价 Px,政府通过将 Px 与 P' 进行比较,若 Px 与 P' 较为接近,则政府接受水源公司 A 的报价;若 Px 偏离理论外调水价 P' 较大,且在几轮重新报价中仍未形成一个双方都能接受的合理报价,则政府通过分析调水区和受水区的水资源供给和需求能力,以实现经济、社会和环境效益最大化为前提,制定一个合理的调水量 Q(该调水量理论上应该接近外调水量经济最大值 Q')及调水价 P。政府再根据受水区各用水户的历史用水需求,制定出合理的初始水权分配方案。水权初始分配完成后,允许水权进入交易市场。具体如下。

(1)水权初始分配采用市场方式。尽管我国水权初始分配仍有可能尊重历史,采用无偿分配的方式,但引入投资分摊、水权拍卖等市场方式是更有效率的做法。在国外,一定比例的水权拍卖也是可行的。意思是水权初始分配至少拿出一部分(如20%)采用拍卖方式进行。即将总调水量的80%(根据国外经验暂定的数值水平,实际运用中可作适当调整)分配给各用水户,剩余20%将在政府筹建调水工程时市场化运作。采用市场方式分配初始水权有如下好处:一是发现水资源价格。通过需求者之间的竞价,可以发现水资源最高价值。二是活跃市场。吸引更多的市场参与者,激活市场。三是引导二级市场。采用市场方式进行水权初始分配,成为二级市场的风向标。四是为潜在的市场参与者提供便利。例如,某家企业计划投资,却担心得不到水权,市场的存在便为其免除了后顾之忧。五是筹集资金,减少财政压力。随着跨流域调水工程越来越多,中央政府面临的财政压力在不断增加。

(2)积极培育二级水权市场。水权初始分配完成后,政府可以设立水权市场中介机构,为买卖双方搭建交易平台、进行便利交易,通过买卖双方自由报价,发现水资源合理价格。在水权交易二级市场上,企业根据实际需求情况,或将结余水量拿到市场上交易,或将企业需水信息发布到水权交易市场,最终在二级市场实现水资源优化配置,提高水资源利用效率。

(3)受水区的价格为生态补偿提供了上限。由于信息不对称,生态补偿面临着艰难的讨价还价过程。在水权管理准市场模式下,中央政府先让调水区地方政府给出合理报价,中央政府将调水区报价和受水区价格进行比较,最终制定出补偿标准,以实现社会福利最大化。

第五章　跨流域调水水权管理
准市场模式的构建

　　我国跨流域调水水权管理,既不能坚持传统的行政模式,也无法采用完全的市场机制,跨流域调水水权管理准市场模式的探索迫在眉睫。如图 5-1 所示,准市场模式有其自身的制度结构,该模式的构建正是围绕特定制度建设而展开。

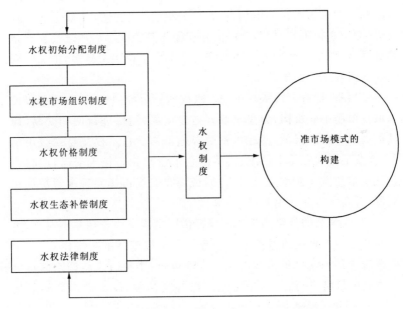

图 5-1　跨流域调水水权管理准市场模式的构建

第一节　水权初始分配制度的改革

一、有效转变政府职能

在跨流域调水水权市场建设过程中,政府的宏观调控作用不可或缺。政府掌握着制度配置与完善的权威、组织和技术手段等,通过制定合理、有效的水权分配政策,将水权以一定方式分配给跨流域调水沿线各用水地区,有效调节社会成员的利益。

1. 明确政府在水权初始配置中的计划职能

我国跨流域调水水权市场引入后,计划职能仍是政府管理最重要的方面:①需要政府依法加强统一规划。我国水法明确提出,跨流域调水由国务院发展计划主管部门、水行政主管部门负责,开展全国水资源宏观调配。跨流域调水应坚持全面规划,统筹协调调水沿线用水需要,尽可能避免对生态环境的破坏。②需要政府对跨流域调水进行科学规划。在水权初始配置的整个过程中,政府应站在战略高度,科学分析调水沿线各地区、各行业的用水需求,坚持水资源总量控制的原则,既平衡调水沿线不同人类利益群体的用水利益,又协调好人与自然之间的关系,保护好生态环境。从长远来说,应以可持续发展战略为指导,不仅要重视水资源分配的代内公平,也要注重水资源分配的代际公平。③需要政府对突发紧急配水情况加强管理。在枯水季节,往往会出现突发和紧急配水情况,政府的作用必不可少。只有政府充分发挥其宏观调控职能,对水资源科学、合理进行调配,才能保证在出现突发和紧急事件时调水目标仍能实现。

2. 发挥政府在水权初始配置过程中的协调职能

跨流域调水水权初始配置是调水利益的划分,其中包括省级行政区域间的初始配置,也包括省级行政区域内部各地市之间的初始配置。在跨流域调水水权管理准市场模式运作过程中,由于调水工程的投资主体主要是国家,各省市参与投资,调水水权可以在国家、各省市中按出资比例分配。

　　跨流域调水工程投资巨大,涉及地域广泛、人口众多,使调水资源配置变得更加复杂。在我国南水北调中线工程中,丹江口水源地在遭遇枯水期时可调水量就非常有限,因为该地区水文现象波动的周期性特点非常明显。如果水源地与受水区恰好同时出现枯水情况,将使调水冲突表现得更加厉害。南水北调中线工程贯穿四大流域,调水量变化的随机性比较强,若采用固定的分水比例,无疑使调水问题上的供需矛盾更加突出。另外,如果受水区调整产业结构,提高了节水能力,用水需求会随之减少,也会存在对初始水权量调整的必要。调水区与受水区水权量的协调,输水总干渠与配套工程水权量的协调等,仍然离不开政府的宏观调控。政府应采取各种措施协调各方利益,实现优化配置水资源的目标。[①]

　　3. 强化政府在水权初始分配中的信息公开职能

　　水权交易市场的建立和发展,有赖于强大的水权信息交互平台。政府在水资源管理中的优势地位,使其有条件掌握更多信息,因而也有将相关信息及时公开的义务。从水资源规划、评价,到水权初始分配方案的确定及其实施,政府都应将有关信息向全社会公开,如具体水量、水质等有关状况的公布。政府对水权管理信息的发布,也促使各个地区明晰水权边界,合理规划,高效使用该地区获得的水资源。

　　如表5-1所示,跨流域调水水权初始配置对信息披露制度的要求有:①真实、准确。即真实反映调水沿线不同地区水资源供需状况,把握好水资源买卖双方之间的供求状况,高度认识信息的真实准确与供需双方对市场的判断存在逻辑联系。②完整。即尽可能提供

① 张郁. 南水北调水资源配置中的政府宏观调控措施研究[J]. 水利经济,2008(2):1.

影响用水户决策的全部信息。发布的信息应包括跨流域调水水量水质变化、水量供需状况变化、价格涨跌、产业结构变化等,还包括用水需求预测、节水技术提高、地区经济增长水平预测、干旱预测等较为全面的信息。③及时。即以最快的速度公开信息,使调水沿线各方依据最新信息作出理性判断及选择。

　　通过信息公开,能够有效规避信息不对称带来的市场风险,提高跨流域调水水资源配置的效率,使政府水资源管理政策、水量配置意图及时传达到用水户,实现政府对跨流域调水水资源配置的宏观调控。

表 5-1　跨流域调水水权初始配置对信息披露的要求

高质量	完整	及时
·真实	·详细	·时间敏感性
·准确	·相关	·当前
·有序	·范围	·例外报告

二、积极进行水权协商

1. 发挥政府在水权协商中的作用

　　水权初始分配是水权交易的逻辑起点和实践基础。水权初始分配最重要的主体是政府,政府根据我国实际情况,不断探索水权分配的方法和手段,如从水权许可到水权拍卖、招标,政府统筹全流域、不同地区和各部门、行业的需水要求,兼顾各方利益,按照公平原则,对基本生活用水、生态用水、农业用水、工业用水以及其他产业用水的使用量权进行界定。

　　水权初始分配是利益的配置,是隐性利益的显化或者重新分配,对各利益相关者、特别是用水利益既得者会产生极大影响,利益的转出会使他们产生抵触情绪,乃至影响和谐稳定。《中华人民共和国水法》第四十五条规定:跨省流域水量分配方案由流域管理机构与相关省级政府协商制定。这意味着跨流域调水水权初始配置必须坚持民主协商。只有广泛听取各方意见,充分兼顾不同地区、部门和人群的利益,才可能使水权初始分配更加公平、合理,并适合市场经济发展的需求,提升水权初始配置的质量。

跨流域调水水权初始分配是一项庞大的系统工程,涉及不同行政区域、多个部门和行业,协商任务非常重。在以行政方式进行的水权初始分配过程中,政府通过广泛听取有关各方意见,兼顾不同地区和部门的利益,使不同利益主体平等获得经济发展所需要的水资源。水权初始配置根据水资源供需平衡分析结果,在谈判、互动的基础上,编制出水权初始分配草案。草案根据用水优先顺序,在保证生活用水、生态环境用水的基础上,合理确定各省不同水平年需水总量控制指标,明确各省拟分配的水权。在草案制定阶段,还充分听取专家和论证机构的意见,就各地用水规模、用水定额、生态环境保护目标、水资源预留额度等问题进行充分协商,广泛征求各方意见。调水沿线初始水权分配方案还需要经水利部审查,上报国务院批准,在政府宏观调控框架内进行。但是,由于市场机制引入后将水权与投资挂钩,投资份额成为水权初始配置的重要依据,跨流域调水工程设立水源公司、供水公司等。中央政府只需与水源公司、供水公司(特别是水源公司)协商。水权协商的原则简单、明确,大大降低了水权初始分配中的协调成本,提高了水权协商的效率。

2. 培育多元化水权协商主体

准市场模式中,水权协商不仅用于省际行政区域之间、省内各地方政府之间制定水权分配方案,在广大农业灌区的用水户协会也普遍采用水权协商机制进行水权管理。分散的用水户可以选择加入用水户协会,与其他水权组织进行协商、交易;用水户协会内部也存在水权协商的问题,用水户结余的水量可以自愿转让。水权协商机制事实上是一种谈判和投票机制,利益主体通过广泛参与,在一定游戏规则下达成共同满意的协议,协商结果不一定是协商各方的最优解,却是较优解或妥协解,从而带来跨流域调水整体用水效益的提高。

用水户协会的建立有利于反映用户愿望和观点,减少水权交易中的垄断现象,保障用水户利益,并加强政府和用水户之间的沟通协调。水资源管理部门应当鼓励更多的个人、团体参与到水资源管理活动中,成立不同形式的用水组织。水权协调是用水户在考虑其他使用者要求的基础上,实现自身利益最大化,解决冲突的重要方法。另外,从长远来看,农村水权与城市水权之间的转移,必定使农村用水户协会成为水权交易市场的主体,水权协商是更为重要的机制。

总之,在跨流域调水水权管理行政模式中,水权协商主要在各级政府之间展开。准市场模式中的水权管理由过分倚重行政命令转向鼓励利益主体平等对话,以维护水权主体的合法权益。水权协商制度的演变,反映了我国社会主义民主政治和市场经济发展的本质要求,也反映了我国治水思路转变的需求。这意味着中央政府行政集权分配水资源发生了变化,有利于调水沿线用水效率的提高,实现用水和谐。

第二节　水权市场组织制度的建设

水权初始分配完成后,水权市场被推向前台,通过水权价格调节水资源市场供需。水权市场的发展,需要创新水权管理体制、搭建水权交易平台、加强水权市场组织制度建设。

一、创新水权管理体制

跨流域调水工程距离长、投资大、范围广,既包括水源工程、输水工程等主体工程,又包括配售水的配套工程,连接多个流域,涉及工程沿线多个省、市,重新调整了水资源配置与社会经济发展的关系,水权管理体制包含技术、经济、环境、社会等多个领域的复杂问题。为了确保跨流域调水达到预期目标，发挥最佳效益，建立起适合准市场模式要求的管理体制迫在眉睫。

1. 明确水权管理体制创新的基本思路

跨流域调水工程是重大的基础设施建设项目，其目标主要是解决资源性缺水问题，属于公共事业工程，国家有必要从全局高度考虑安排生产力布局，调整水资源配置。但是，跨流域调水工程投资巨大，政府无力包揽如此沉重的投资，应根据中央与地方事权划分和承受能力承担投资，从根本上理顺产权关系，改变国家为单一主体的投资结构，形成"利益共享、风险共担"的机制，实现多渠道、多层次投资，形成投资主体多元化。国家作为主要的出资者，可以授权某一部门为中央投资的代表，将虚置主体转化为能够享有所有者权益的现实主体，并对企业国有资产的保值、增值进行监督和管理。

具体地说，中央和地方政府向跨流域调水工程投入资金，资本金的所有者是国家，国务院代表国家行使对这部分资本的所有权，可以将其授予特定经营部门持有，因而成为国家授权的投资机构，代表政府具体行使资产收益、重大决策。作为国家授权的特定经营部门，要根据有关法律得到授权，在获得授权的财产范围内，依法运作国有资产，代表国家行使国有资产所有者的权利。其他出资者亦可将其财产以资本金的形式注入供水企业公司，委托企业对其财产行使企业法人财产权，以及由此产生相应的经营权、财产收益权和一定的处分权。通过建立规范的公司制，实行企业化管理，明晰产权、经营自主，有利于理顺企业与出资人之间的关系，理顺供水企业之间的经济关系，也有利于供水企业与外部的经济联系。

2. 制定水权管理体制建设的具体措施

我国跨流域调水水权管理体制建设应从以下几个方面展开。

(1)国务院成立跨流域调水工程领导小组。领导小组由国务院牵头,有关部委和省市参加,行使政府宏观调控职能。包括负责协调工程建设与管理中的重大问题,指导制定水价政策及其管理办法,起草、参与制定跨流域调水管理的法律法规,等等。领导小组不是实体性政府机构,办公室可设在水利部,负责日常工作。

(2)国务院授权水利部为中央投资出资人代表,负责组建跨流域调水有限责任公司,直接对国家负责。领导小组下设办公室,负责日常工作。办公室为领导小组的办事机构,直接对领导小组负责。

(3)各省成立地方供水公司,负责省内配套工程的建设与管理。地方供水公司与供水总公司是买卖水的关系,地方供水公司与用水户之间是供水与用水的关系。

(4)建立用水户协会。用水户的参与,有助于降低供水成本,有效解决水权交易问题。

从其他国家水权管理体制建设的情况看,分层管理的特色也非常鲜明。联邦制国家将水资源管理体制大致分为联邦、州和地方三级,联邦政府充当州之间的协调与监督角色,具体管理事宜以州为主。如美国水资源属各州所有,管理行为以各州立法和州际协议为准,联邦有关部门的工作重在水利基础设施建设上,同时组建流域协调委员会,协调并监督执行州际分水协议。共和制国家的水资源通常归国家所有,全国制定统一的水法规,中央政府或其代表机构授权地方政府对所辖区内水资源进行管理。①

二、搭建水权交易平台

1. 明确水权市场主体

水权市场的建立和发展是一个长期的过程,跨流域调水水权市场离不开政府的宏观调控,而首要任务便是水权市场主体的培育。

---

① 张勇,常云昆. 国外水权管理制度综合比较研究[J]. 水利经济,2006(4):18.

"跨流域调水水权制度科层模型"(图4-4),明确展现了水权市场主体及其运作过程。根据持有水权的性质和权利内容,水权市场主体分布于不同的产权层面。

(1)对于国有产权而言,中央政府在跨流域调水工程中投入建设资金,因而拥有对于调水工程的使用权、经营权,但国家只是虚置主体,通常需要委派代理人行使这些权利。以特定跨流域调水工程为系统,设立水源公司、供水总公司作为水权市场主体,它们分别是两个独立法人,相互之间是水资源买卖关系。

(2)在区域产权层面,地方政府在跨流域调水工程中投入建设资金,因而也拥有对于调水工程的使用权、经营权,地方政府委派代理人行使这些权利。供水总公司下设多个驻省分公司。驻省分公司听取地区供水公司和大型企业集团水计划,上报供水总公司,供水总公司与水源公司协商后确定各驻省分公司用水份额。驻省分公司供水对象是地区供水公司、集团用水户。

(3)在集体产权层面,水权主体是社会团体,包括各级灌溉管理组织、用水户协会等。它们拥有通过不同方式取得一定范围内的水资源使用权和经营权。

(4)对于私有产权来说,主要是一些分散的用水户成为水权主体。

2. 设立跨流域调水水银行

我国跨流域调水水权管理准市场模式的建立,是自上而下的推动过程,水权交易是否能够真正展开,还需要水权中介机构的作用。作为水权市场主体运行的链接纽带,水银行的主要功能是保证特定水权交易的合法性、合理性。水权交易的合法性,指水权公益性使跨流域调水水权交易面临着更多的法律禁止,专业、权威机构的工作能够有效降低违法成本。水权交易的合理性指经济效益或道德规范的有效性。通过水权中介机构的工作,水权市场变得秩序和高效。

水银行通过制度权衡和调控,组织买方与卖方参与到水市场交易之中,[①]是一种新型、有效的水权交易形式,可以弥补水权市场发育的不足,是更符合跨流域调水水权管理准市场模式要求的中介机构。水银行最早是由美国爱达荷州首创的,后来被加利福尼亚州、科罗拉多州及亚利桑那州许多水资源稀缺的地区采用。英国、法国、德国、意大利、比利时、丹麦、希腊、荷兰、西班牙、爱尔兰、卢森堡、葡萄牙、瑞士和瑞典等欧洲国家,也越来越多地利用水银行应对水资源紧张的局面,水银行是这些国家水资源管理的重要组成部分。[②] 在我国不成熟的水权市场体系中,水银行存在具有更大的价值。

建立跨流域调水水银行体系,能够有效调节用水需求,提高水权运作的效率。水银行甚至有可能在水权市场发育程度低的情况下,完成农村与城市之间的水权转移。世界各国水银行制度并不完全相同,但就整体而言,水银行担当起农业、工业和公共用水交易的媒介。美国水银行的客户即供需双方以流域、地区、支流为单位,或者是大的供水和购水者,如灌区供水企业与农户、自来水公司、政府公益部门与用水户。[③] 水银行的客户既包括政府公益部门,也包括企业;既包括企业和法人,也包括农户。2003 年 11 月,美国科罗拉多州委员会通过议案:允许农民出售多余水给水银行,然后再通过水银行出售或出租给缺水的城市和地区,[④]水权可以在不同行业、地区和部门之间发生转移。

水银行的运作也体现了政府的干预和调控。在调水量缺乏,满足不了受水区生产生活用水需求的时候,由水银行出面联系买卖水资源的业务,从自愿出售水的用户那里购买水资源,之后再卖给急需

---

① 潘闻闻. 中国建立水银行制度的理论初探[J]. 中国水利,2011(22):19.

② 张郁,吕东辉. 中外"水银行"模式比较及对南水北调工程的启示[J]. 经济地理,2007(6):1 022.

③ 赵志江,于淑娟. 水银行建立与运作模式研究[J]. 生产力研究,2009(2):79.

④ Kane A. Colorado:Committee Approves Water – Sales Bill for Farmers[N]. Denver Post,2003 – 11 – 04.

要水的用户。进入水银行的成员要符合规定的条件,必须保证水的有益用途,不浪费水,购买水量有一定范围和额度的限制。① 美国加利福尼亚州水银行之所以能够成功运行,其重要原因是联邦和州政府的主导并且参与。② 美国加利福尼亚州从 1991 年起经历了五年干旱,为消除旱灾带来的负面影响,州政府发起建设了水银行,水银行实施一直伴随其跨流域调水工程。水银行对水权买卖的真实性、合法性进行调查。对于需水方的审核包括:用水户必须保证不浪费水、不破坏水质。对供水方的审核内容更为复杂,要由专门机构进行环境影响评估。加利福尼亚州水资源局设有审核委员会,对水权交易的数量、质量及用途进行严格控制,以保证购水行动是正确无误的。审核委员会通常要特别考虑水权交易是否会对他人或环境造成危害。通过水银行的运作,政府掌握着水资源配置的主动权,将水银行的水在跨流域调水沿线不同地区、行业及生态保护中科学分配,促进调水沿线经济社会发展。为保障生态环境用水,水银行常常预留生态、应急用水,然后才允许水资源的买卖。从美国加利福尼亚州的情况看,注意到了不同年份各种用水份额的考量,加州 1991 年将45％的水量用于城市用水,15％的水量用于农业生产,40％的水量由政府统一来支配。1992 年,加州 25％的水量用于城市,60％进行农业灌溉,15％的水量支持环境及野生动物需求。在 1994 年,加州将15％的水量用于城市供水,85％的水量用于农业灌溉。③ 无论在水银行的设立或还是运行过程中,政府的作用都是必不可少的。

① Scott A. Jercich, "California's 1995 Water Bank Program: Purchasing Water Supply Options"[J]. Journal of Water Resources Planning and Management, 1997(1):59.

② 魏加华,张远东,黄跃飞. 加利福尼亚州水银行及水权转让[J]. 南水北调与水利科技,2006(6):20.

③ 张郁,吕东辉. 美国加州"水银行"运行机制研究[J]. 世界地理研究,2007(1):36.

我国跨流域调水水银行在不同流域或灌区设立,水银行的客户主要是大的供水单位和需水单位。灌区分散的农民用水户,在水权交易中应以用水户协会为单位进行交易。农民用水户协会一般只在农民用水户之间进行水权交易时发挥作用,而一旦水权由农业转向工业、由农村转向城市时,就必须依赖水银行这样的水权交易中介组织。我国跨流域调水水银行的设立更加有赖于政府的主导,以符合探索时期水权变革的实际。在水银行建立初期,政府是主要的出资人。当水银行有一定发展后,政府可以通过产权转让、私人注资等方式实现其市场化,并尝试真正的股份制运作模式,但这需要一个相当长的过程。

第三节　水价制度的明晰

价格是最重要的市场信号和资源配置手段,跨流域调水水价制度由供求关系和政府干预决定,反映了水资源稀缺性、消费者支付意愿、供水成本等信息,引导着水资源重新配置和社会公正的实现。

一、明确水资源定价方法

1. 水价确定方法的分析

水价是否合理,对水权配置和管理具有决定性影响。必须结合跨流域调水工程特点,提出合理的供水价格计算方法。[①] 水价确定方法主要包括以下几种:全成本定价、边际机会成本定价、用户承受能力定价以及两部制水价。

(1)全成本定价。指合理的水价应该体现出水资源的全部成本,具体指资源水价、工程水价和环境水价。

---

① 穆东雪,李克勋. 跨流域调水工程两部制水价研究[J]. 水资源与水工程学报,2011(6):87.

水价＝资源水价＋工程水价＋环境水价

资源水价是水资源稀缺价值的度量,是使用水资源付出的代价。水资源短缺的时候,用水机会也随之变得更加珍贵。资源水价体现出国家对水资源拥有的产权,国家享有水资源所有权及其收益,这部分收益可纳入中央财政,是全社会的财富。在水权交易过程中,水资源使用者获得了对水资源进行使用的权利,但必须相应支付一定数额的货币,这是保证水资源持续供给最基本的前提条件。

工程水价指水处理成本和产权效益,体现了供水企业的劳动价值,通常要满足补偿成本、合理的利润要求,包括取水、生产水的成本等及其收益。

环境水价是指由于维护生态系统健康、实施污染治理而必须发生的费用。水污染治理费是环境水价的重要组成部分,包括污水排放者排放的污水对水资源所有权人的侵害;废水对利益相关者造成的损失;治污者治理污染耗费的成本;由于水的不合理使用对环境、经济和社会等各方面造成的危害。当前,我国污水处理费非常低,只能体现部分环境水价。

(2)边际机会成本定价。用机会成本确定自然资源的价格,意味着不仅隐性成本应当列入成本,而且外部性成本也应当计入其中。如果从代际公平理论看,后代人的环境资源权益损失亦应当列入成本。边际成本指单位供水增加后,引起了成本的增加。在完全自由竞争的市场上,倘若边际成本等于边际收益,此时则市场出清,这时边际成本就是价格。也就是说,水价即生产最后单位供水量的成本。边际机会成本理论从经济学视角出发,对资源利用的后果进行了度量。

按照边际机会成本理论,边际机会成本(MOC)由三部分组成:边际生产成本(MPC)、边际使用者成本(MUC)和边际外部成本(MEC)。边际生产成本指为了获得资源,必须投入的直接费用,如为实现跨流域调水投入的各种费用:调水工程费用、输水费用、环境保护费用等。边际使用者成本是使用该资源的人放弃的净效益。边际外部成本指所造成的各种损失。它们之间的关系用公式表示为：

$$MOC = MPC + MUC + MEC$$

MOC 表示消耗自然资源的费用，是使用者为资源消耗行为付出的价格 P。当 $P < MOC$ 时将会刺激行为者过度使用资源，$P > MOC$ 时便会抑制行为者的正常消费。[①]

（3）用户承受能力定价。这种定价方法考虑了人们的心理承受能力，以避免超出一定限制，人们心理和行为出现异常变化，将影响社会和谐与稳定。如针对跨流域调水工程制定的水价需要被用户所接受，供水水价不能超出用户的承受能力。水权交易过程中，水权交易价格在用水户的承受范围内，用水户才能接受，如果超出用水户的承受能力，就会引起用水户不满。这种对社会收入进行再分配的方法，以低于成本的价格向一些用水户供水，而以高于成本的价格向另一些用水户供水，以弥补亏损。

水是人类生产生活必须的资源要素，制定供水价格应广泛考虑不同群体的需要，保证低收入者也有支付水费的能力。由于经济发展水平不同，地区贫富不均，为了确保水资源公平分配，在费用分摊上必须有所区别。

（4）两部制水价。两部制水价由基本水价和计量水价构成。基本水价包括跨流域调水耗费的固定成本、管理费用等。计量水价包括水资源费等，还包括利润、税金。两部制水价的基本公式是：

$$两部制水价 = 基本水价 + 计量水价$$

两部制水价的最大特点，是强调固定成本通过基本水价补偿，可变成本通过计量水价补偿。

---

① 王岳森,等．京津水源涵养地水权制度及生态经济模式研究[M]．北京:科学出版社,2008:49.

2. 跨流域调水水价的构成

跨流域调水水价构成应该包括:水资源费、各供水环节之间原水价格、输水成本、水厂水处理成本、经营利润、税金及污水处理费等,其中包含了资源水价、工程水价和环境水价。但是,对于我国跨流域调水管理来说,全成本定价各项成本充分实现还过于理想化。事实上,跨流域调水工程投资巨大,水价确定更加复杂,资源水价、环境水价的测算及其社会影响也往往难以权衡。

边际机会成本定价在法国等欧盟国家有所应用,这种定价方法几乎考虑了开发利用资源有关的全部成本,是资源定价方法中比较完整的一种。在跨流域调水水价机制运行过程中,调水区不但投入了大量污水治理、生态保护的成本,而且丧失了发展的机会成本,水价制定应尽可能考虑全面。但边际机会成本法在实际应用中有赖于良好的投资、租税和补贴等政策,计算起来也比较复杂,许多国家还处于对其研究的阶段,我国相关研究只在北京、上海展开,并未在其他地方广泛进行。

用户承受力定价能够使某些地区或用水户回避较高的供水成本,但难以平衡跨流域调水沿线不同地区或用水户的利益。

两部制水价在应对跨流域调水问题时更显优势,它将跨流域调水工程供水成本中年固定运行费用与可变运行费用分成两个方面。一方面,跨流域调水工程的建造成本、运行成本都很高,必须有足够资金回收才能保证工程良性运行。两部制水价与我国传统单一制水价的不同之处就在于,它把供水的固定成本列在基本水价中计算,这部分水费与是否用水或用水量多少没有关系,以确保不在于用水多少,调水工程都能够回收成本、正常运行。因为不管跨流域调水沿线水资源买卖是否发生,工程运行的固定费用、折旧费等都会发生,如果不对其进行补偿,调水工程就不可能正常运转。另一方面,计量水价主要补偿变动成本。跨流域调水管理常常面临的问题是:由于天然降水分布不均,水资源供求关系的变化非常大。丰水季节,受水区表现出较低的购水需求,则调水工程经济收入少,甚至无法维持其正常运行。枯水季节,受水区水短缺严重,购买水资源的愿望强烈,则调水工程经济收入颇丰。也就是说,基本水价能够确保跨流域调水工程正常运行;计量水价起到调节作用,在丰水期鼓励用水户提升用水幅度,枯水期则促使用水户节约用水。两部制水价兼顾供需双方利益,有利于实现水资源优化配置和可持续利用。但是,尽管两部制水价对调水工程效益有较好考虑,在解决资源环境问题方面却存在不足。我国跨流域调水应实现水价的综合运用,以两部制水价为基础,吸收其他定价方法,特别完全成本定价法的优点,对水价灵活运用。

二、实现水价的综合运用

水价是否合理关系着跨流域调水工程能否有效运行。在水权交易过程中,如果水价过低将导致用水浪费、水资源利用效率低下;水价过高又会使需水用户难以承受。跨流域调水水价制定应以两部制水价为基础,更好体现资源水价、环境水价和工程水价。

一直以来,基于马克思主义劳动创造价值的理论和观点,人们认为大自然中的资源环境并没有渗入人的劳动,所以没有价值。而现在人们认识到,当今社会已不是马克思所处的时代,资源环境也不再是纯天然的产物,它深深刻上了人类劳动的痕迹,处处体现了人类劳动参与,人类为改造大自然已经投入了无数人力、物力和财力,因而资源环境是有价值的。还有学者从效用理论解释资源环境的价值,认为稀缺的便是有价的,资源环境具有明显的效用性,对于人类生存发展必不可少。尤其是随着资源环境、生态问题日益严峻,资源稀缺导致供需矛盾严重,资源环境具有价值的结论毋庸置疑。[①] 水价综合运用的具体措施如下。

---

①　王玉庆.环境经济学[M].北京:中国环境科学出版社,2002:35.

1. 明晰综合水价中的资源成本

我国水资源所有权归国家所有,资源水价是水资源有偿使用的体现,是对水资源所有者因水资源资产付出的补偿,也是维护水资源持续供给的前提条件。资源水价是水资源使用权的初始价格,是水资源走向市场的门槛。

目前,资源水价的计算方法主要有:支付意愿法、需求定价法、边际机会成本法、模糊数学法、影子价格法、收益现值法、效益分摊系数法等。① 尽管资源水价的完全实现存在困难,但跨流域调水水价中进一步明晰资源水价,是政府安排和实施水权制度、提高水资源利用效率的必要手段。

水源公司的供水价格必须考虑水资源费。在跨流域调水工程管理中,中央政府负责向水源公司收取水资源费,将其作为制造成本列入水价。水源公司、驻省分公司以综合水价向集团用户供水。通常,在水资源丰富时水资源费比较低,鼓励用水户的用水行为。水资源紧缺时水资源费比较高,用水需求强烈的用水户高价购水,用水需求微弱的用水户规避高水价,以确保水资源流动到最有需要的地方。

2. 突出综合水价中的环境成本

综合水价中,环境治理成本应该被考虑在内,我国长期以来对排污费的征收远远低于其治污成本。

在跨流域调水水权管理过程中,投资兴建治污设施,开展污水治理,相关费用都会在水价中体现出来。除非水源公司提取清洁、优质的水资源,否则就要展开治污、截污行动,所投资金便会分摊到水价之中。驻省分公司为保障水质,也必须展开治污、截污行动,相关费用同样会在水价中体现出来。

---

① 郑雄伟,周芬,郭磊,等. 跨流域调水工程的水资源价值计算[J]. 水利经济,2010(3):9.

从理论上说,水价构成应包括污水处理及水生态环境保护的全部费用,如排污与污水处理成本、生态恢复费,并保证企业有一定盈利。治污费的本质是为矫正消费水资源产品所产生的负外部效应而支付的代价,广义的负外部效应不仅指代内影响而且包括代际影响,即因水资源使用而给当代人和后代人带来的损害,然而代际影响带来的损害在计量上存在技术困难,实际上的排污处理费主要考虑负外部性的代内影响。

目前,综合水价应就实际发生的污染情形,将环境水价纳入其中。

3. 考虑综合水价中的工程成本

在跨流域调水工程中,供水能力的剩余和短缺都有可能,如果调水工程收入过少,就难以维持其正常运行。工程成本用于补偿调水工程每年发生的固定费用,包括材料动力费、折旧费,工程维护费等。水价应当考虑比较均衡地收回工程成本,并且获得合理的利润。水价定得较高,可以充分发挥调水工程能力,提高用水效率,保证供水工程正常运行所需经费,但需要考虑用户可承受能力和可接受性。

跨流域调水工程高效运行的前提是水能够卖出去,两部制水价积极鼓励人们使用外调水,提高调水工程经济效益。一直以来,与当地水相比,外调水水价居高不下,用水户出于自身经济利益的考虑,往往更愿意使用当地水,甚至宁愿过度开采当地水,也不愿意使用外调水。实施两部制水价后,无论是否使用外调水都要缴纳基本水费,有利于保护当地水资源,鼓励使用外调水,特别是有利于减少地下水超采。

总之,跨流域调水的水价由基本水价和计量水价构成。基本水价主要由国家投资政策决定,是国家调控调水水价的基本手段,计量水价由供水的资源成本、工程成本和环境成本组成,是调水工程市场化运作的核心问题。

第四节　生态补偿制度的完善

　　跨流域调水是人为配置天然水资源的行动,对生态环境的影响和破坏更大,它引发的生态补偿问题是制约调水工程经济、社会效益发挥的核心要素。[①] 跨流域调水生态补偿的重要特点是:将分配正义的实现置于整个社会,生态补偿的内容更加复杂,需要我们探索新的生态补偿方式。

一、变革生态补偿方式

　　在跨流域调水水权管理行政模式下,中央政府耗巨资修建调水工程,调水区因使用水资源的代价远低于其真实的机会成本而过度使用水资源,加之,其经济快速发展而增加对水资源的需求,从而减少调水供给量;受水区因水价没有反映水资源的完全机会成本而低效率使用外调水资源,夸大用水量指标。在双重作用下,最终出现可调水量减少、甚至无水可调的现象,造成调水工程效益低下及水资源浪费。

　　跨流域调水涉及众多利益团体,如水源公司,供水公司,水源区地方政府、居民和用水部门,受水区地方政府、居民和用水部门,代表公共利益的中央政府,代表流域利益的流域管理机构等。为简化分析,此处将博弈参与人归结为三类,即水源公司 A(代表水源区利益)、供水公司 B(代表受水区利益)和中央政府 C(代表社会整体利益)。

　　模型假设条件:①水源公司 A、供水公司 B、中央政府 C 都是理性经济人,追求自身利益最大化;②中央政府 C 行为的长期性和全局性,水源公司 A 和供水公司 B 行为的短期性和私利性,在个人利

[①]　李浩,黄薇,刘陶,等. 跨流域调水生态补偿机制探讨,自然资源学报,2011(9):1
506.

益和国家利益发生冲突时,个人利益必须让步,追求其次优战略;③风险不对称,供水公司 B 和中央政府 C 作为跨流域调水工程的投资主体,在向水源公司 A 转移部分收益后,面临水源公司 A 减少环境保护投入的风险,致使水源区水质恶化,可供水量减少;④收益不对称,跨流域调水给水源区经济发展和生态环境带来负面影响,而受水区未给予合理的补偿;⑤完全信息,假设局中人都完全了解各参与方在各种情况下的收益。

策略空间:在修建调水工程时,中央政府通过调查和分析水源公司 A、供水公司 B 上报的资料,预计调水量为 Q_0 吨,投资 M_0 元建设调水工程,其中供水公司投入到跨流域调水工程中的沉没成本为 C';在调水工程修建完工后,假设水源公司 A 可以选择作为和不作为,供给公司 B 可以选择补偿(包括生态成本和经济补偿成本)和不补偿。根据理性经济人假设,各参与人均追求自身利益的最大化。水源公司 A 选择作为时,实现调水量 Q_0 吨,为此付出的"维持成本"(包括生态保持费用和要求获得的经济补偿费用)为 C_0;选择不作为时,实现调水量 Q_1($Q_1 < Q_0$)(因为政府会强制水源公司 A 必须调水),为此付出的"维持成本"为 C_1。供水公司 B 投入到跨流域调水工程中的沉没成本为 C',当其选择补偿 R_1 时,其实现的经济利益为 M_1($M_1 > C'$,$R_1 < M_1 - C'$);选择不补偿时,其实现的经济利益为 M_2($M_2 < M_1$)。

如图 5-2 所示,对水源公司 A 而言,无论供水公司 B 选择补偿或不补偿,"不作为"都是它的占优战略;对供水公司 B 而言,无论水源公司 A 选择作为或不作为,选择"不补偿"都是理性的,博弈模型的均衡解为不作为,不补偿。此时,虽然实现了规模量为 C_1 的调水量,但是由于 C_1 远小于计划调水量 C_0,导致修建的调水工程不会充分发挥其效用,甚至出现闲置的状况,浪费了国家建设资金,也没有实现水资源优化配置的预期目标。

如图 5-3 所示,是水权管理行政模式下的动态博弈分析。续图

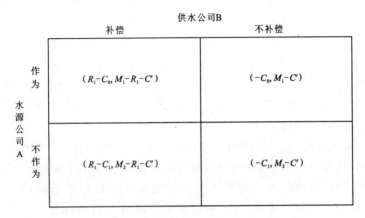

图 5 - 2 跨流域调水水权管理行政模式的静态博弈

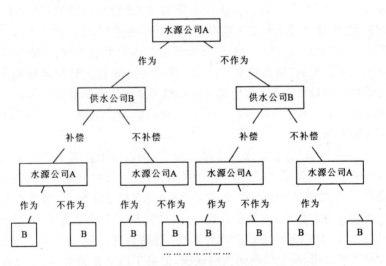

图 5 - 3 跨流域调水水权管理行政模式的动态博弈

5-2所示的静态博弈,第一轮博弈实现纳什均衡(不作为,不补偿)后,在第二轮博弈开始时,水源公司A综合考虑仍会选择"不作为",供水公司B会选择"不补偿",形成"恶性循环"。最终,导致整个调水工程的无效率。

在跨流域调水水权管理准市场模式中,政府适时引入市场机制,利用经济激励手段促进生态环境保护与建设,调动各利益主体的积极性,充分发挥跨流域调水工程的效率。市场补偿是运用经济手段、市场机制依法开展补偿活动,达到生态保护的效果。运用市场机制,可以尝试水权生态补偿等新的补偿方式;即便是传统的行政补偿,也可以采用市场化的手段加以运作。

二、实施水权生态补偿

1. 明确水权生态补偿是市场补偿的重要内容

水权补偿运用市场机制展开,是环境产权市场交易补偿的重要内容。目前已经有学者提出,水权交易不仅能够优化水资源配置,而且可以有效保护生态环境的价值,成为生态补偿的重要手段。[①] 但是,水权生态补偿不是唯一的补偿手段,它可以与其他补偿手段协调运用。生态补偿也要考虑到用水户承受能力等政策目标,政府在生态补偿中的作用必不可少。水权生态补偿应该与政府补偿或其他市场补偿手段相配合。

跨流域调水打破了既有的流域分布、行政区域分布状况,生态补偿要协调流域之间、区域之间的利益冲突,利益协调的复杂性更加突出。从本质上说,调水沿线生态保护的整体利益是一致的,但由于不同群体的利益本位又使冲突必然存在,不同利益群体在调水资源开发利用和环境保护活动中利益失衡的现象时有发生。水资源作为重

---

① 张郁. 我国跨流域调水工程中的生态补偿问题[J]. 东北师大学报(社会科学版),2008(4):24.

要的生产资料和生活资料,具有稀缺性和有用性。水权生态补偿就是要设立合理的损益补偿机制,对生态环境保护的贡献者进行增益性补偿,而对在生态环境保护中有所损失的给予损失性补偿。通过水权生态补偿,能够在生态服务消费者和提供者之间进行利益调节和再分配,实现帕累托效率最优,最大限度调动人们保护生态环境的积极性,实现可持续发展的最终目标。

跨流域调水的核心问题是水量的重新配置,它不仅对调水区、输水区及受水区产生重要影响,而且也对生态环境保护产生着重大影响。因而不同区域往往会提出各自利益诉求,在水资源配置、资金投入、水价及环保义务方面讨价还价。水权生态补偿将外部性理论从污染防治扩展到整个生态领域,由下游地区将外部性带来的收益以一定方式返还给上游地区。[①] 水权生态补偿运用其有效机制开展利益再分配,倘若调水区通过生态保护行为提供了优质清洁的水资源,受水区就理应对调水区的贡献合理补偿;相反,如果调水区提供被污染的水,也应该对受水区给予赔偿。

2. 将水权交易费用列入生态补偿基金

水权生态补偿的前提条件是突出水的资源价值和环境价值。市场经济运行过程中,价格在资源配置中起到杠杆作用,将资源水价、环境水价提升至合理状态,才能真正反映水的资源价值以及污染治理的价值。水权交易展开后,将促使生态保护的受益人支付相关费用,对调水区的生态保护投入予以补偿。

水权生态补偿的具体内容包括因重塑环境、恢复自然生态而直接进行各项建设投资的补偿。从符合我国现阶段经济发展水平的水价而言,污染治理的成本当然要考虑在内,但由于资源环境保护丧失的机会成本也应该计算在内。机会成本法在欧盟是较为广泛采用的

---

① 赵春光. 流域生态补偿制度的理论基础[J]. 法学论坛,2008(4):92.

方法，[1]随着调水沿线水资源的转移，调水区不但损失了资源价值、环境投入，也表现为发展机会的丧失，有必要得到相应补偿。假如调水区总是在极其不公平的情形下进行生态保护投入，并致使产业发展受到多方面限制，其生态保护的积极性就会受到挫伤。也就是说，不采取有效办法对调水工程中的受损者给予补偿，就难以保障优质、清洁水资源的持续供给。

就我国跨流域调水生态补偿而言，生态补偿资金的来源是水权交易费用。我国已经有学者开始提出，从水权交易费用中提取部分资金用于生态补偿，[2]这一提议具有可操作性。跨流域调水沿线地区应设立专门的生态补偿基金账户，在水权交易完成的同时，将提取的生态补偿费用存入该账户，使调水区资源、生态环境建设投入真正得到补偿。

三、开展横向转移支付

1. 借鉴德国横向生态补偿的经验

横向财政转移支付是世界各国用来调节地区间财政分配关系的通行做法，也是成熟分税制财政体制的重要组成部分。

作为欧洲开展生态补偿较早的国家，德国跨流域调水生态补偿具有鲜明特色，对于跨流域调水所产生的环境影响均由政府给予补偿。政府通过一整套复杂计算确定转移支付数额或标准，将补偿由富裕地区直接向贫困地区转移支付，落实到被补偿地区。德国宪法明确规定了财政平衡制度，一些相关法律也规定了州际财政均等化及转移支付制度。根据生态补偿的需要，德国依法调整各州财政收

---

① 朱静，万新南，江玲龙. 关于完善中国生态补偿机制若干问题的研究[J]. 环境科学与管理，2007(12):160.

② 张郁. 我国跨流域调水工程中的生态补偿问题[J]. 东北师大学报（社会科学版），2008(4):23.

入,由富裕州支援贫困州,实现财政资金均等化。这种横向财政转移制度具体包括两方面内容:一方面是针对税收的,将国家税收按照人口来分配,使州际财政均衡程度达到 92% 以上。另一方面是就平均财政能力而言,在富裕州对贫困州实现横向财政转移支付后,使各州平均财政能力维持在 98%～110% 之间。其主要特色表现有:①补偿数据标准准确。德国采取缔结协议的方式,在区域间成立专业合作小组,双方进行分工合作,有组织地进行计划、监测(包括参数目录、频率等),开展环境影响评估、经济评估、技术评估,进行水文数据、影响要素变动、建立数据网络等资料收集,然后通过系列复杂计算,最终确定数据标准,这一标准将地域特性与共性相结合,针对性强、数据精确。②资金充足。补偿标准被确定后根据不同情况予以补偿:一是扣除了划归各州销售税的 25% 后,余下 75% 按各州居民人数直接分配各州;二是由财政富裕的州按确定标准补偿给较贫困州。无论采取何种方式,都保证了生态补偿资金按时到位,使这一机制的运行有强大资金保障。

　　德国巴伐利亚州调水工程从巴州南部水资源相对丰富的多瑙河流域向北部缺水的美因河调水。工程包括美因—多瑙运河和阿尔特米尔渠道两条独立输水系统。两条输水系统途经凯尔海姆、里登堡、贝尔欣等地区,最后到达纽伦堡、克里根布隆地区。该工程由巴伐利亚州政府全额投资建设,州政府作为该工程的业主,负责工程规划、建设监管和调度等全部工作,根据巴伐利亚州政府和联邦政府之间、相关地区政府之间签署的协议,除航运归联邦政府管理外,工程调度、管理、生态保护等由巴州全部负责,而输水系统经过的地区政府之间通过横向转移支付方式负责协调生态环境保护工作。生态补偿资金的横向转移主要由工业化程度非常高的纽伦堡、克里根布隆地区对凯尔海姆、里登堡地区进行,转移额度通过一整套复杂计算确定数额标准。通过横向转移,保证了足够生态补偿资金,改善了库区周围乡村环境,形成了有价值的生物群落和新的生态环境。[①] 同时,为了补偿弗兰克尼亚库区周边居民,政府在库区重点发展旅游业,允许农户将农庄改成休闲地,并提供了大量的就业岗位。

德国横向财政转移支付制度提高了调水沿线企业、组织和居民进行生态修复的积极性,加大了生态建设投入;实现了地区之间财政平衡,使得沿线居民生活水平及生存环境尽量享受统一标准,以此缩小地区之间差距,达到利益均衡的效果。这种制度体现了基于经济与生态分工基础上特定区域内政府间的财政关系,与上级财政纵向转移支付形式有着根本性区别。

2. 运用我国"对口支援"的制度基础

1994 年,为推动社会主义市场经济发展,我国改革了分税制财政体制,调整了中央与地方财政分配关系,建立起财政转移支付制度。但直至今天,这一制度还存在许多问题,特别是在转移支付的构成上,税收返还的数额尤其偏大,而用于平衡省际财政收入的数额比较小。同时,财政补助缺乏科学依据、透明度,实践中随意操作的空间很大,上下级政府之间讨价还价的现象时常发生。在我国跨流域调水水权管理准市场模式中,单一使用纵向财政转移支付制度已经力不从心,横向财政转移支付制度亟待引入。横向财政转移支付实现地区之间财政均衡,实际上是"受益者"和"保护者"之间的补偿,有利于实现地区间相互支持、协调发展,最终实现社会公平的战略目标。跨流域调水沿线多为生态敏感的贫困地区,如果将环境污染、生态破坏的负外部性成本纳入其经济发展的水平衡量之中,将加剧这些地方贫困程度,扩大区域经济发展不平衡,影响社会和谐与稳定。通过横向转移方式对调水区经济予以支持,将改善该区域居民生活质量,维持生态、经济与社会的良性可持续发展。

---

① 王光谦,欧阳琪,张远东,等.世界调水工程[M].北京:科学出版社,2009:178.

虽然我国跨流域调水生态补偿一直以纵向财政转移支付为主，但省际对口支援的开展已经积累了一定经验。省际对口支援始于1979年，当时中央政府为了让东部经济发达地区支援西部贫困地区经济建设，曾下发《加速边境地区和少数民族地区建设》的文件，确立了对口支援具体方案。随后，对口支援制度在全国各地全面展开，并涉及各行各业、不同领域，包括了人力、财力、物力上的广泛支援。对口支援制度虽然并没有在国家法律中规定下来，但为横向财政转移支付制度的建立奠定了基础。

我国开展横向转移支付制度的具体措施有：①缔结协议。通过调水区和受水区协商达成补偿协议。为降低谈判成本、化解不必要的冲突，中央政府可以适时参与协商谈判，提高协商效率。在制度运作趋向成熟时，政府可以考虑以立法形式规范补偿体系，确立有关制度和具体措施。②科学计算补偿标准。根据受水区对调水区的水质要求、生态建设和保护计划，测算出生态保护的成本。调水区丧失发展机会成本的确定，在考虑受水区经济发展水平、水价承受能力及支付意愿等问题后协商解决。总体上，横向财政转移支付应控制在合理水平，否则，要么难以实现省际政财政均衡而达到预期目标，要么会影响地方政府加快发展、增收节支的积极性。

四、设立生态补偿基金

生态补偿基金制度对生态补偿资金来源、使用及其管理等问题进行系统规定。所谓基金，是为发展某项专门事业储备的资金或拨款，专款专用、单独核算。① 设立生态补偿基金是为严格控制补偿资金的用途，确保补偿资金真正用于资源保护、生态环境的恢复与改善。

生态补偿基金通常来源于政府资金，这在跨流域调水生态补偿

---

① 中国社会科学院语言研究所．现代汉语词典[M]．北京：商务印书馆，2005：10．

刚刚起步的国家,可以更好把握宏观调控,使该机制有效运转。1961年日本《水资源开发促进法》中,中央政府对指定"水资源开发水系"基金的原始资金给予资助。基金的构成主体是流域上下游各有关地方政府,以财团法人的形式进行管理。生态补偿的范围从经济补偿、基础设施完善费用到后期居民安置都有详细规定,有利于对生态补偿资金进行监管,对减少资金流失、降低运作成本有显著效果。

生态补偿基金也来源于受偿主体与补偿主体之间的直接交易。考卡河流域是哥伦比亚卡利市主要产粮区,政府设立考卡河流域管理公司进行管理。进入 20 世纪 80 年代,伴随着工业化、城市化的进程,流域生态环境问题极为严峻。哥伦比亚法律规定家庭用水被置于首要位置。对于农场主来说,必须向流域管理公司交纳水费,用于购买农作物灌溉水量和管理费用,无论是否出现灌溉用水供不应求的状况,农场主仍要按照达成的协议付费。后来,农场主认识到流域管理公司在财力和供水能力上的有限性,他们自发组织起来,成立了灌溉者协会,还自愿提高交纳的水费,以期改善流域管理公司的供水能力。流域管理公司用基金支付流域上游保护生态功能的必要活动,如购买上游区域的土地经营权,开发植被。考卡河流域生态补偿基金是基于市场的支付方式,通过市场机制来确定补偿标准。经过努力,20 世纪末期的考卡河流域生态功能已经逐渐恢复,既能满足家庭用水,也使农田灌溉得到保障。考卡河生态补偿基金的经验也因而推广开来。[①]

跨流域调水生态补偿基金筹集的方式应当多样化。生态补偿基金来源包括:①财政转移的纵向支付,这是生态补偿基金的主要来源。跨流域调水的公益性质,决定了政府在生态补偿过程中的重要地位。政府拨款要专款专用,用于特定的生态补偿项目。②横向财

---

① 邓欣.流域生态补偿基金制度研究[D].长沙:湖南师范大学.中国博士学位论文数据库,2011:33.

政转移支付。跨流域调水是区域之间水资源的转移,调水利益由于生态环境保护的缘由在区域间出现了增减变化,区域之间可以开展协商,根据增减变化的具体情况决定补偿资金转移支付,以调整跨流域调水沿线的利益关系。③水权生态补偿。跨流域调水水权交易完成的同时,提取部分费用、并列入生态补偿基金,实现对调水区的生态补偿。④生态环境责任保险。即强制生态补偿的给付主体购买生态环境责任险,转移市场补偿运行失败的风险承担。我国暂时还没有生态环境责任保险。但是,2011年四川省开始试行水环境污染责任保险,99家企业参与环境污染责任保险,我国生态环境责任保险迈出了重要一步。⑤尝试发行生态彩票,由国家批准向社会发行。⑥国际社会的补偿资金。生态环境问题是全球性问题,应加强与国际组织、非政府组织、绿色团体、研究机构和大型企业的交流与合作,争取生态补偿资金。

　　跨流域调水生态补偿基金运作,需要良好的监督机制。除了政府可以作为生态补偿的监督管理部门,应设立社会机构专门对生态补偿行为进行监督,第三方监督避免了政府干预过度的情形。此外,公众监督也有利于促进基金组织的健康发展。

第五节　水权法律制度的健全

一、明确水权制度的内涵

　　查林发现,资源利用的决策实体分布在不同层面上,分别持有不同的资源利用目标,作出不同决策。对于水资源,从国家到个人之间多个水平实体都拥有控制水资源利用的力量,这意味着水资源"产权束"的权利内容被多个层面、多个实体共同持有。水权的多层次性决定了水权制度有其丰富的内涵。

1. 水资源国家所有

根据我国宪法、水法的有关规定,国家拥有水资源所有权。水行政主管部门行使水资源国家所有权,确定初始水权分配方案。

根据《水量分配暂行办法》的规定,跨流域调水水量分配方案确定的程序:①省际水量分配方案以流域为单元向省、自治区、直辖市进行分配,由水利部所属流域管理机构与有关省、自治区、直辖市人民政府制定,报国务院或者其授权部门批准。②省内跨行政区域的水量分配方案,以省、自治区、直辖市或者地市级行政区域为单元向下一级行政区域进行的水量分配,由共同的上一级人民政府水行政主管部门与有关地方人民政府制定,报本级人民政府批准。③经批准的水量分配方案需修改或调整时,应当按照方案制定程序经原批准机构批准。

在跨流域调水水权实践中,国家作为水资源所有者,有权采用特定方法或手段进行水权初始分配。在总量既定情况下,通过协议或其他方式将水资源分配到用水户手中。水资源所有权和使用权得以分离。

2. 水资源有偿使用

水权市场建设,设置取水权是不可或缺的前提和基础。2002年,新修订的《中华人民共和国水法》设定了取水权,明确了取水权有偿取得,建立了水资源有偿取得制度。目前,我国立法上的水权概念是取水权,物权法明确将取水权纳入到用益物权范围。

2006 年《取水许可和水资源费征收管理条例》规定,依法获得取水许可的单位或个人将其通过调整产品和产业结构、改革工艺、节水等措施节约的水资源转让给受让人。但是,可转让的取水权受到了限制,只有"节约的水资源"才可以依法转让;"节约水资源"的认定依靠行政机关,行政自由裁量行为嵌入取水权,掩盖了其财产权的法律属性。

事实上，应该逐步放开关于取水权的限制，尊重取水权物权属性，与物权法的规定相协调一致。尽管取水权不等于水资源使用权，但就现阶段而言，是申请人对取水许可确定的水资源行使占有、使用、收益和处分的权利。政府应当适应市场机制的需求，在跨流域调水实践中规范并支持取水权的交易，并不断探讨多种形式的水权管理。只有在水权得到明确界定的条件下，才有可能通过价格机制展开运作，实现水权交易，优化配置水资源，提高用水效率。

3. 允许水权依法转让

在跨流域调水水权科层结构中，原有行政系统融入了越来越多的市场成分，要求相关政策法律为跨流域调水水权市场提供支持和保障。人们购买水权的安全感越强，水权的价值也越大。

最近10多年，是我国水权交易政策法规跨越式发展的重要阶段。尤其是在2005年，水利部颁发《水利部关于水权转让的若干意见》、《水权制度建设框架》两个重要文件，提出了我国水权制度的基本构架，明确了水权转让的对象、范围等内容，水权交易在国家政策层面得到明确。目前，全国范围内的水权交易实践不断展开，水权不得交易的坚冰已然突破。水权流转制度成为我国水权制度的重要组成部分，尤其是2006年《取水许可和水资源费征收管理条例》出台，完善了取水权配置机制。2007年颁布的《中华人民共和国物权法》将取水权纳入用益物权范围，明确了权利人排他的、可转让的权利。到2007年《水量分配暂行办法》出台，水权初始分配办法更加完善，有利于水权市场的发展，我国水权制度创新进入提速期。在水资源配置实施总量控制的框架下，各地开展了水量分配、水权转让等多方面的实践探索，取得了积极的经验。

引入市场机制配置水资源的方式无疑是有效率的。跨流域调水把水资源从丰富地区调配到稀缺地区，但是调出水量是一定的，这就要求评估所调之水的效率，最大限度地发挥有限水资源的作用。如调水区水资源比较丰富，水量比较容易获得，经常出现浪费严重的现象,节约用水就可以提供潜在的市场供给。既然存在需求和供给,调水区、受水区、输水区等不同的用水主体和需水主体,就可以通过水权交易,把水资源配置到经济效益好的地区和行业,不仅供需双方可以受益,也提高了所调之水的有效利用率。

二、厘定水权交易的原则

跨流域调水水权科层结构揭示了政府的宏观调控作用,说明水权交易不仅要适应经济与社会发展要求,而且要体现水资源及其环境的规律,遵循统一规划、生态保护和利益协调的原则。

1. 统一规划原则

统一规划就是在水资源配置过程中,由政府代表国家对全国范围内水资源的供给和需求全面统筹,并制定科学合理的分配方案,实现水资源统一调配。在跨流域调水管理中,各级政府部门应根据本地区实际情况规划和配置水资源,安排好工农业布局、人民生活用水,防止市场失灵。

《中华人民共和国水法》第二十二条规定:跨流域调水应当进行全面规划和科学论证,统筹兼顾调出和调入流域的用水需要。跨流域调水是一项人为的、巨大而复杂的工程,涉及许多社会和生态问题,仅仅依靠市场调节和用水主体自觉行为无法实现公平和高效用水。在跨流域调水过程中,国家要根据水资源调出和调入水流域的经济社会发展程度和水资源承载能力制订流域规划,从总体上把握可调水量。根据调水区、输水区、受水区水资源开发利用现状,编制开发、灌溉、航运、供水、发电、渔业、水土保持、环境保护等专业规划。制订规划必须对水资源进行科学考察和调查评价,兼顾各地区、各行业的需要。

2. 生态保护原则

跨流域调水远距离改变了水资源的径流,对调水沿线生态环境产生着重要影响。调水水权配置过程中,不仅要考虑用水户、产业及地区之间的关系,还要考虑人与自然的关系,要重视保护调水区、输水区和受水区的生态环境。

跨流域调水水权配置,首先要留足各个地区生态环境用水,不应过度挤占,同时要加强水环境保护。跨流域调水通过兴修大规模水利工程来改变水的径流,这种长距离输水容易引起水质恶化等水污染问题,这主要体现在调水区和输水区。如果调出的水在源头上就受到污染,加上沿线输水地区污染排放,水资源到达受水区后便已成为劣类水质了。减少排污量必须要调整产业结构,优先发展低耗水、少污染的产业。

3. 利益协调原则

跨流域调水管理最为复杂的问题,是平衡与协调调水沿线不同利益主体之间的关系,最终促进新流域共同体的形成与发展。利益协调是化解利益失衡的重要手段,它通过一定方式降低利益分化风险、避免利益冲突产生或升级,从而打造不同利益主体之间的和谐关系。跨流域调水沿线利益差别和利益主体的存在,使多个利益主体参与的多种利益关系形成了复杂的"利益束",[①]特别是在水资源稀缺的条件下,各利益主体之间的冲突变得更加难以解决,有赖于建立起有效的利益协调原则、机制等,使不同主体利益在合理限度和范围内得到满足。

跨流域调水涉及到不同流域、不同地区、不同部门、不同行业等诸多主体的利益,必须统筹兼顾各种利益。既要按照市场机制,引入水权交易制度,让合法持有一定水量的主体公平进行水权交易,又要兼顾利益相关者的利益。在利益协调原则下应注意以下几点:要保障基本生活用水,认真对待农业等经济弱势用水群体的基本水权,反

---

① 伊媛媛. 跨流域调水生态补偿的利益平衡分析[J]. 法学评论,2011(3):95.

对水资源垄断行为;不应以牺牲环境用水权来换取其他经济用水实现,保证各项利益能够得到公平实现;水权转让的程序要公平,采取程序公开化,信息透明化,以求维护各方利益的平衡。

三、完善相关法律体系

1. 完善《中华人民共和国宪法》的有关规定

放眼世界,许多准许水权转让的国家,都建立起了一整套相应的法律体系,明确界定水权、建立可交易水权制度,赋予交易双方有关权利和义务。我国宪法明确规定水资源属于国家所有,与矿产、森林等资源属于国家所有相同,水资源国家所有是我国历史上的一贯传统,也是其他国家在水资源所有权问题上的普遍看法。但是,单一水资源国家所有无法应对水资源稀缺问题,难以优化配置水资源。

在我国宪法中,明确规定了土地资源所有权属于国家,土地使用权可以依法转让。对于水权,也应该有类似规定,使水资源使用权转让有其宪法依据。

2. 细化《中华人民共和国水法》和《取水许可和水资源费征收管理条例》

世界上很多国家的水法,都对水权交易提供了支持与规范,切实保障第三方及生态环境的利益,促进水资源合理开发与利用。澳大利亚维多利亚州水法明确了水资源所有权和使用权,规定了水资源使用权类型、水量分配和水权转让的具体问题。美国俄勒冈州水法也对水资源所有权和使用权、水资源管理体制等问题进行了详细说明。在加利福尼亚州,水法对水资源管理机构,水权及水权转让的法定程序等,作了明确规定。智利水法中,同样规定水权依法转让,通过流量加以计量。

《中华人民共和国水法》(2002)是我国水资源管理的基本法,其中明确规定了水资源有偿使用和取水许可制度,为水权制度的建立提供了前提条件。但是,该法有待完善之处在于:①应当明令允许以买卖、出租、抵押等形式对水资源使用权的依法转让,并明确水权转让的条件、范围、原则等内容。②对水权转让的主体资格、交易对象以及市场交易规则等内容也应作出规定。③规定水权交易的附随义务。如,确保生态和环境用水;严格的水资源利用规划;利益补偿等。④完善公众参与的程序与途径。在水权初始分配及实施中,可以让用水户、相关利益单位等都参与到影响水权分配与管理的流域规划过程,开展与水分配及水权交易有关的公众咨询工作;在水权再分配即水权交易过程中,保障公众的知情权和参与权,实现水权交易信息的公开。

我国《取水许可和水资源费征收管理条例》(2006)中,明确了一些关于跨流域调水水权管理的规定。但是仍然有待完善:①应扩大水权转让的范围,使之不仅仅局限于通过技术措施节约的取水权,逐步实现水资源使用权的合法交易。②水权转让应坚持公示公信原则,保证水权交易信息公开,加强水权交易的程序规范。③水资源费征收制度对取用水的规定应更加具体和具有可操作性。如该条例规定:流域机构审批的取水由取水口所在地省级水行政主管部门代为征收,征收标准为取水口所在地的征收标准。在跨流域调水工程中,如遇到省际边界的取水,由于条例规定不明确,会造成各省按照不同标准各自征费的不合理情形。针对这种情况,应以某项跨流域调水工程为单元系统,各省协商出一个共同标准。又如,条例规定由受水区征收使用水资源费,但调水区不仅调走水量造成了经济损失,还减少了环境容量,却没有体现对水权的拥有。应该规定由调水区作为代收费的部门,体现出调水区对水权的拥有,有利于跨流域调水水权市场的建立。

随着我国跨流域调水工程的不断增多,还必须针对跨流域调水工程的特点加强管理。美国是一个高度市场化的国家,很早便以法律形式明确了水权及水权交易制度,跨流域调水被置于联邦或州相关立法的框架之中,从工程投资建设到运行管理都由法律加以规范。

借鉴美国跨流域调水管理的经验,我国在宪法、水法及相关法律法规中,应不断完善水权转让的相关规定。还可以针对特定跨流域调水工程,制定符合该工程实际情况的政策法规,构建跨流域调水完整的法律法规体系。

3. 修改配套法律法规

配套法律法规中,我国也应体现有利于跨流域调水水权交易的规定。在民法典的制定过程中应注意以下几方面的内容:①要承认水权的物权性质。2007年《中华人民共和国物权法》已经规定了取水权的用益物权属性,确定了取水权转让是合法有效的。然而,《中华人民共和国民法通则》中仍然规定,包括水、矿产、林地在内的诸多自然资源不得买卖,这明显与我国物权法相冲突,而且也不能适应水权交易理论和实践的发展。我国民法中应明确支持水权的转让,对水权市场的发展予以引导,否则会与我国物权法、水法的有关规定相冲突,也违背了宪法的基本精神。②规定环境侵权的法律责任。目前,关于水权交易引发的环境侵权主要适用民事法律责任,具体包括违约和侵权,尚缺乏对环境侵权法律责任的规定。事实上,环境侵权法律责任的承担有其自身特点。如,拥有合法水权的水权主体,在其交易行为造成第三人财产或人身损害时,尽管交易双方既无故意亦无过失,为了保证公共利益或个人利益不受侵害,便要制定有利于第三人提起诉讼的法律程序。同时,环境侵权引起的赔偿数额往往非常大,即便交易双方倾其全部所有也可能无法承担,国际上已经出现此类损害赔偿社会化的趋势。

我国刑法也要不断修改和完善,首先,应增设非法取水罪。一切单位和个人没有按照法定取水时间、范围和程序取水,并且造成严重破坏的,要依法承担有关刑事责任。其次,增设非法转让水权罪,违反国家法律规定、以非法形式转让水资源,造成重大破坏后果的,应当承担有关刑事责任。我国刑法中增设非法取水罪和非法转让水权罪,可以起到威慑作用,减少此类案件给国家水资源造成的巨大破坏,对于跨流域调水经济发展和生态环境保护,也能起到防范和管制作用。

　　总之,跨流域调水工程运行后,水权交易是水资源有效配置的方式,水权交易的前提是建立并实施一套完整的水权管理体系,制订水权交易法律法规和管理规范。

第六章　跨流域调水水权管理
准市场模式的实例分析

第一节　南水北调（中线）工程

一、工程概况

我国特殊的地理位置、地形地貌及气候条件等，导致了水资源天然分布时空不均的现象，与人口和经济发展的需求不相适应。在长江流域及其以南地区，河川径流量占全国的80％以上，耕地面积仅占全国的35％。黄河、淮河和海河流域河川径流量不足全国的6％，耕地面积却占全国的40％，是极度缺水的地区。伴随着工业化和城市化的进程，我国经济快速、稳步发展，工农业用水大幅度增长，北方地区从20世纪80年代起缺水现象就非常严重，甚至出现了河流断流、湖泊干涸及地下水超采等现象，并严重影响到这些地区经济和社会发展。

南水北调工程是优化我国水资源时空配置的重大举措，是解决我国北方水资源严重短缺问题的特大型基础设施项目，是未来我国可持续发展的关键性工程。南水北调工程由中线、东线和西线三大调水系统共同构成，从根本上解决了我国华北、西北地区水资源短缺问题。在国家和区域层次上，其意义都超过美国加利福尼亚州调水工程。该工程中线、东线和西线三大调水系统贯穿长江、黄河、淮河和海河，形成"四横三纵"为主体的中国水资源网络，构成了我国水资源南北调配、东西互济的格局。

南水北调中线工程前期研究工作始于 20 世纪 50 年代初。1994 年,水利部审查通过了长江水利委员会编制的《南水北调中线工程可行性研究报告》,并上报国家计委建议兴建此工程。南水北调中线工程由汉江中上游丹江口水库引水,向北京、天津等沿线 20 多座大中城市输送水,解决沿线工农业和生态环境用水问题,输水总干线全长 1 273km。中线工程分两期实施,第一期工程建设在加高丹江口大坝后,从丹江口引水到北京、天津、河北、河南四省市,缓解京、津、华北地区水资源危机,平均每年可调水 95 亿 m^3。后期进一步扩大引水规模,年均调水量达到 130 亿 m^3。为减少中线从丹江口水库调水后对汉江中下游的影响,修建湖北引江济汉等四项生态建设工程。丹江口水库大坝加高有利于提高汉江中下游防洪标准,保障汉江平原和武汉市的安全。

二、管理体制的设计

为充分发挥南水北调工程总体效益,实现其经济、环境和社会目标,工程建设及其运行中的管理问题得到了国家高度重视。按照 2002 年《关于南水北调工程总体规划的批复》,国务院同意成立南水北调工程领导小组,领导小组由国务院总理任组长,副总理任副组长,计委、财政、建设、国土资源、水利等有关直属部委为其成员。领导小组负责制定调水工程建设和运行的方针政策,下设办公室管理日常工作。工程建设和管理按照政企分开,建立现代企业制度的要求,组建水源公司、干线有限责任公司,依法自主经营。在国务院对规划的批复中,提出南水北调主体工程分别组建四个项目法人:南水北调东线江苏有限责任公司、南水北调东线干线有限责任公司、南水北调中线水源有限责任公司、南水北调中线干线有限责任公司。2003 年,国务院南水北调工程建设委员会颁发了《关于印发＜南水北调工程项目法人组建方案＞的通知》。2004 年 10 月 23 日,江苏省南水北调工程建设领导小组办公室、南水北调东线江苏水源有限公司在南京举行揭牌仪式,南水北调工程政府行政管理机构和项目法人开始履行各自职责。2004 年 8 月 25 日,国家水利部下发《关于成立南水北调中线水源有限责任公司的通知》,由水利部负责组建的南水北调中线水源有限责任公司在丹江口市注册成立。南水北调中线管理部门由南水北调中线工程建设管理局和南水北调中线水源有限责任公司组成。中线水源公司的成立,意味着南水北调中线水源工程建设进入实质性工作阶段。工程沿线各省组建地方性股份公司作为项目法人,负责其境内与南水北调主体工程相关的配套工程建设、运营与管理。各干线工程有限责任公司和沿线各省股份公司之间为水资源买卖关系。

可见,南水北调工程建设与管理体制由四个层次构成。

第一层次:领导小组是由中央政府和有关地方政府联合组成的最高领导机构,负责工程重大事项的决策、协调和监督。领导小组下设办公室,其编制、经费单列,直接对领导小组负责。在建设期,办公室主要任务是强化政府宏观调控职能。工程运行后,办公室主要任务是监督管理,对水资源配置、水价制定以及重大问题进行协调等。组建高层次南水北调工程决策协调部门,有利于代表国家决策南水北调工程在运营管理中的重大事项,解决重大矛盾和突出问题。

第二层次:设置省级南水北调工程领导小组,下设办公室,办公室依托于水利厅,行使行政职能,编制、经费单列。在建设期,设立省南水北调工程建设管理局,作为主体工程省辖段的项目法人,负责主体工程建设工作,办公室与建设管理局可以合署办公。在运行期,将工程建设管理局改组为供水公司,按照产权明晰、责权明确、政企分开、管理科学的原则,建立现代企业制度。企业依法享有有限责任公司的企业法人财产权,自主经营并取得合法权益。受水区各种水资源统一调度工作,由水行政主管部门牵头成立水资源调度中心,统一优化配置各种水资源,确保调水工程良性运行。

第三层次:设置地市级南水北调工程领导小组,下设办公室。建设期成立市配套工程建设管理局,负责总干渠一般渠段和建筑物、分干渠、从分干渠到各市县城自来水厂以及独立用水户(重点工业区、企业用水大户)的支渠工程建设及管理。运行期改组为配水公司,主要负责主体工程一般渠段、配套工程的调度运行管理工作。

第四层次:设置县级南水北调工程领导小组,下设办公室。利用现有各市县自来水公司,负担调水工程的建设和管理。

南水北调工程管理体制的变化表现在:从投资情况来看,政府投资正在逐步减少,各种社会资金正在增加,形成了投资渠道多元化的格局。从管理体制和机制看,单一的政府管理正在向专业性的公司转变,调水沿线利益主体强化了水的商品意识,积极探讨公司制运作的新模式。从水的供求主体分析,独立的市场需求主体正在形成,呼唤与市场机制相适应的有效法律监督。

三、水权市场的运作

南水北调工程建设规模由沿线各地区计划调水量确定,工程建设需要的资金被分摊到调水沿线各地区,各地区根据其分摊的投资获得水权。南水北调工程水权管理模式表现为"政府宏观调控、准市场机制运作、现代企业管理、用水户参与"。

1. 政府的宏观调控

政府宏观调控,体现出国家对跨流域调水管理的决定性作用。跨流域调水工程是重大的基础设施建设项目,工程目标在于解决资源性缺水问题,属于公共事业工程,关系到国计民生,在经济社会发展中占有重要地位,国家从全局高度考虑安排生产力布局、调整重大自然资源的配置。

尽管政府不可能包揽跨流域调水工程所有投资,但它是最重要的投资主体。国家作为主要出资者:制定水价、并以价格为杠杆进行调控;统一配置水权、调度用水量,保留对公共水权以及特殊优先权的控制。

南水北调工程水资源跨流域调配涉及众多利益主体,如水源公司,供水总公司;驻省分公司,大型企业集团;地方供水公司,用水户协会;分散的用水户等。水源公司和供水总公司之间是买卖关系;驻省分公司向大型企业集团、地方供水公司供水;地方供水公司向分散的用水户供水。中央政府协调水量初始分配和重大利益冲突,对调水资源管理实施宏观调控。

2. 准市场机制运作

相对我国跨流域调水水权管理行政模式而言,准市场机制运作的关键是要引入水权市场,通过建立多元化的筹资渠道,积极培育水权市场主体,以价格为杠杆,促进水权交易市场的发展。

由于跨流域调水工程所需资金数额巨大,往往实行政府授权、政府控股或参股,以实现政府宏观调控,确保调水目标的实现。政府授权有两方面含义:①政府授权机构作为中央或地方投资的出资人代表,既解决了投资主体缺位问题,也确保国有资产的保值增值。②通过授权经营,可以改变用政府职能代替企业职能和市场职能的做法,使国家扮演企业股东角色,而不是经营者的角色,使得公司能够全面履行其经济职能和社会公益职能,充分发挥跨流域调水工程的经济效益、社会效益和环境效益。

水权管理市场化削弱了政府对水资源的再调控能力,对初始水权分配的科学性和民主性有更高要求,并需要完善的法律体系作保障,水权交易过程还需要市场监管体系来支持,政府的宏观调控必不可少。南水北调的水权初始分配,也只是一定程度上引入了市场方式,而并非是市场化分配。南水北调作为中央主导、财政投资为主的工程,是国民经济发展的重大战略布局,主要解决黄淮海地区资源性缺水问题,弥补用水需求缺口是基本分配依据,引入市场机制主要是为了合理调节水需求,提高资源利用效率。由于沿线各地方政府并非市场主体,它们不可能完全基于经济原则作出投资分摊决策,而且各地区经济负担能力不尽相同,水资源调节差异很大。因此,在最终确定沿线各地区用水权利过程中,根据出资分配初始用水权利的原则是有限度的。这些都说明南北调工程水资源分配是政府与市场的"双重配置"。

3. 现代企业管理

现代企业管理,即组建有限责任公司作为工程建设与管理机构,对配套工程进行建设、运营管理,自主经营,自负盈亏,使产权关系清晰,权责明确,管理科学。组建有限责任公司,有利于使各个出资人的合法权益得到明确体现;有利于股东以货币、实物等各种不同的形式出资入股;有利于提高调水工程运行管理的效率;也有利于实现国家宏观调控的目标。

企业化管理是结合跨流域调水工程的特点,建立规范的公司制,实行政企分开,按照市场机制运作,追求最大的综合经济效益,有利于供水企业与外部经济建立联系,也有利于供水工程的良性运行。跨流域调水工程投资巨大,涉及面广,任何政府都无法承担如此沉重的投资,况且仅由政府投资也未见得是最有效率的。要实现调水目标,必须多渠道、多层次投资,投资主体多元化,从根本上理顺产权关系,改变国家为单一主体的投资结构,形成"利益共享、风险共担"的机制。

4. 用水户参与

用水户参与,可以增加跨流域调水工程运行的透明度,降低供水成本,有效解决水权交易中存在的问题。在南水北调工程水资源量有限的条件下,如何实现水资源合理分配关系着整个受水区经济和社会发展,不仅需要充分调动企业的积极性,而且要大力组织和培育用水户协会。

本着民主协商、民主管理、民主监督、民主决策、群众自愿、适度规范的原则,用水户协会的经营管理必须始终代表用水户的利益,体现用水户的意愿,维护用水户的知情权、参与权和决策权,可以针对南水北调的水权转让价格、合约设计、合约履约等内容向南水北调工程管理部门提供意见及建议。用水户协会的参与是南水北调工程有效运行的重要环节。

四、水银行建设

南水北调工程的管理,既要充分发挥市场机制的作用,又要确保有效的国家宏观调控。从国际上水银行建设的经验看,它将公平与效率结合起来,在政府宏观调控机制的作用下,积极促进水权市场发展,力求实现水资源的最优配置。[①] 按照现阶段南水北调中线工程管理体制,其水资源管理包括统一管理机构、水源公司、干线有限责任公司等。水银行的设立,充当了政府、企业、社会之间的桥梁和纽带,使调水工程管理更加自觉、全面和高效。

1. 设立水银行的自然条件

南水北调中线工程拥有稳定的水源地,调蓄工程比较完备,具备建立水银行良好的自然条件。

(1)丹江口水库水质优良,由于地势上南高北低,调水可自流到受水区。

(2)调水区和受水区降水变化的互补性比较强,调水沿线供水系统比较完备,输水渠道和水库相互联系成为一体,为水资源自由调配提供了良好的条件。

(3)丹江口水库的调节性能好,水量调出后基本上可以直接利用,对当地输水设施的要求比较小。

(4)南水北调中线工程供水系统比较完整,水库库容也比较大,有利于调节当地径流。据统计,受水区具有良好供水功能和调蓄功能的大中型水库、洼淀共18座,各类调蓄水库在非汛期的可利用库

---

① 张郁,吕东辉.以美国加州为例分析建立南水北调工程"水银行"的可行性[J].南水北调与水利科技,2007(1):26

容为 65.4 亿 m³,其中黄河以南 13.3 亿 m³、以北 43.1 亿 m³。中线工程利用的调蓄水库距离总干渠近,能够与总干渠形成有密切联系的供水系统,实现不同水源之间的调剂、补充。[①]

2. 设立水银行的制度环境

随着南水北调工程水权市场运作的展开,建立水银行的制度环境在不断完善。

(1)水银行建设有其法律依据。2002 年《中华人民共和国水法》在完善水资源所有权的基础上,规定了取水权,明确了水资源有偿使用制度。2005 年水利部颁发《关于印发水权制度建设框架的通知》,明确指出要积极探讨水银行机制,通过发挥水银行的调蓄作用,促进我国水权市场发展。

(2)水权初始分配的实践已经展开。建立南水北调中线工程水银行,水权的初始配置非常重要。目前,南水北调中线工程初始水权的确定,以投资分摊的机制为基础,各地区依照自己的出资获得相应水权,这为水银行的建立提供了前提条件。

(3)水银行的性质与功能体现出南水北调工程准市场机制的要求。水银行作为水权市场交易的中介组织,扮演需水方与供水方交易的媒介,采用计算机等互联网技术,以较低的交易成本为供需水企业提供交易信息。它集中众多水权交易对象,利用其特定资源、信息优势,使供水方、需水方和中介方实现多方共赢。同时,由于国家拥有水银行适量的水权,还能够掌握调水资源配置的主动权,对水量调配和环境治理进行统筹安排,确保国家水资源战略安全。美国加利福尼亚州水银行能够成功运行的重要原因是联邦政府和州政府的主导及参与。重大水权交易在开始的时候都是由政府发起,而且在加速调水使用,减少调水危险和不确定性,降低调水交易费用,执行调

---

① 张郁,吕东辉.以美国加州为例分析建立南水北调工程"水银行"的可行性[J].南水北调与水利科技,2007(1):28.

水需要的法律等方面,政府都起到实质性作用。[1] 我国南水北调中线水权市场正处在积极培育过程之中,水银行通过价格机制来激发用水户的节水潜力,调动用水户的积极性、主动性,按照市场方式配置水资源;政府则发挥其主导作用,促进不同地区间用水户水权流转,保证水权交易的顺利实施,实现有限水资源的合理、高效利用,保障受水区水资源的合理再分配。

五、生态补偿的展开

1. 生态补偿是利益关系的核心

南水北调中线工程重点解决我国北方地区的缺水问题,作为水资源供给者,陕西、四川、湖北、河南、重庆五省市为保护水资源与环境付出了巨大代价,如果不进行合理的生态补偿,跨流域调水工程无法有效运行,社会和谐难以建立,其原因如下。

(1)跨流域调水增加了资源环境、生态保护的难度。南水北调中线工程的不利影响突出集中在汉江中下游地区。由于调水降低了水环境的容量,以多年平均流量来计算,汉江中下游水环境容量减少 11.81 万 t/a,减少幅度为 26%。[2] 水环境容量减少出现的后果:一是导致水污染加剧。最近一些年来,汉江中下游地区已经发生了多次大范围"水华"事件;二是降低了供水保证率,以致影响到汉江中下游工农业、城市生活用水以及生态用水;三是使汉江中下游地区水位、水温降低,水生生物生存环境受到明显破坏,天然鱼类资源正在减少;四是可能存在着复杂、不确定性的生态风险影响。这些都使生态保护工作更加艰巨和复杂。

---

[1] 魏加华,张远东,黄跃飞. 加利福尼亚州水银行及水权转让[J]. 南水北调与水利科技,2006(6):22.

[2] 徐少军,林德才,邹朝望. 跨流域调水对汉江中下游生态环境影响及对策[J]. 人民长江,2010(11):1.

　　(2)各级政府生态保护的负担加重。为服务南水北调工程建设，各级政府要重新规划该区域产业布局，某些产业、行业和企业的发展受到限制，经济发展路径选择的余地变小，相关投入变大。同时，国家对调水沿线治污要求的提高，也增加了地方政府负担。如河南省西峡县需要关、停、并、转一批企业，所需资金达 20 亿元以上。其中制药、造纸等企业为治理污染约需注资 2 亿多元；林产品加工业关停转产后，损失超过 2.7 亿元；建材加工业因搬迁约需注资 1.4 亿元；冶金材料行业损失约 4.1 亿元，地方财政收入大幅度减少。又如在南水北调中线丹江口水库主要汇水支流老灌河流域，西峡、淅川两县还没有生活污水和垃圾处理厂。而随着城镇人口增加，生活污水、垃圾的污染将更加严重，对水源地污水处理设施建设规模和进度都提出了较高要求，当地政府必须安排财力加以应对。[①]

　　(3)工业发展受到限制。随着南水北调中线工程的兴建，为保护水源而进行产业结构调整，一定程度上制约了调水区经济发展。陕南地区具有丰富的矿产资源，由于国家实行严格节能减排和生态保护政策，已有相当部分工矿企业不能正常生产；部分企业因资金缺乏无力添加治污设备，只能关、停、并、转；一些微利企业变成无利企业；导致大批具有开采价值的矿山不能开发，潜在资源优势不能变成现实的经济效益，使下岗人员增多、就业压力变大。

　　(4)农民增收难度加大。由于水库淹没、退耕还林等原因，调水区耕地资源急剧减少。近年来，商洛市因退耕还林还草而减少的耕地面积近 112 万亩，人均减少耕地面积 0.46 亩，每年损失粮食近 1.68 亿千克，折合人民币约 3 亿元。全市人均耕地在 0.3 亩以下的

---

　　① 朱延峰. 南水北调中线水源区水资源开发的生态补偿探讨[J]. 安徽农业科学，2008(3):49.

实际失地农民已达 27.5 万人。[1] 南阳市新增淹没土地面积 144km²，涉及人口达 10.6 万，水源区 25°以上坡耕地全部退耕还林。南水北调中线工程实施后，西峡水源区设立禁采、禁伐、禁垦、禁牧区域，有 10.0×104hm² 天然林划为禁伐区，10.4×104hm² 天然林划为一般生态保护区。由此导致农业经济减收 4 亿元，山区农民人均减收 1 000 元。[2] 调水区传统经济大多以农业生产为主，为配合退耕还林、禁采禁伐，部分山区群众因此返贫，林场职工及其他从事林木加工的劳动力面临失业。

　　南水北调中线工程兴建以来，对调水区生态环境保护标准提高，使调水区不但加大了污染治理的投资，也失去了一些原有的竞争优势，丧失了发展的机会成本，而调水对受水区内各用水户带来了明显的经济效益和环境效益。[3] 生态补偿成为各种利益关系协调中要首要的核心问题。

　　2. 生态补偿价值的核算

　　在调水区和受水区之间利益关系的博弈中，受水区总是盼望调水区大力保护水资源与环境以获得优质清洁的生产生活用水，调水区则希望通过开发、利用当地自然资源增加收入。受水区甚至并未真正了解调水区生态环境保护成本的高低，并不清楚生态系统资源地居民丧失了多少发展的机会成本，加之生态补偿涉及的部门多、领域广，生态补偿成功运作求助于科学合理的生态补偿价值核算体系，从而降低利益相关者的协商成本，确保责权利相统一。

---

[1] 李茜,刘琦. 构建南水北调中线工程水源区生态补偿机制[J]. 陕西行政学院学报,2009(3):115.

[2] 朱延峰. 南水北调中线水源区水资源开发的生态补偿探讨[J]. 安徽农业科学, 2008(3):49.

[3] 关爱萍. 跨区水资源调配与区域利益关系分析——南水北调中线工程为例[J]. 水利经济,2011(1):1.

生态补偿价值的核算是生态补偿机制建立的重点和难点。[①] 学界对生态补偿价值的核算主要有以下两种方法。

(1)对生态服务功能进行价值评估。即按照一定环境经济方法对提供清洁水的价值、防洪价值、土壤保持价值、优美自然景观价值、碳汇价值等进行评估,得到特定区域提供生态环境服务的总价值。如丹江口库区水源区森林活立木蓄积量约为 1 100 万耐,预计经过生态环境恢复治理 10 年后,蓄积量将达到 1 384 万耐。生态环境恢复治理措施可以增加 372 万耐的森林活立木蓄积,其中增加的碳汇为 204.6 万吨,从而确定了碳汇的价值。[②] 但是,由于生态服务功能涵盖的范围广、生态价值的潜在性明显,运用该方法进行测算具有数额巨大、不确定性强的特点,难以直接作为生态补偿的依据。

(2)对资源利用、污染治理、生态建设的直接成本连同全部或部分机会成本进行核算与补偿。南水北调中线工程生态保护和建设的直接成本主要包括生态建设和污染治理的投入,机会成本损失包括当地产业结构转型的费用与限制某些产业发展所丧失的收益。为使受水区获得清洁用水,调水区进行了大范围城市、农村污水治理,以及水土保持、封山育林和退耕还林等工作;放弃了高污染的产业发展;这些支出都可以采取一定方法来进行计算。

丹江口库区河流多个断面水质超过南水北调中线水源地所要求的标准,根据国务院《丹江口库区及上游水污染防治和水土保持规划》、《河南省辖丹江口库区及上游水污染防治规划》、《南水北调中线工程源头国家级生态功能保护区(河南部分)规划》等技术性规划,为治理这些污染,需要在淅川、西峡、邓州、栗川和卢氏修建处理能力达

① 樊万选,夏丹,朱桂香.南水北调中线河南水源地生态补偿机制构建研究[J].华北水利水电学院学报(社会科学版),2012(2):67.

② 曹明德,王凤远.跨流域调水生态补偿法律问题分析——以南水北调中线库区水源区(河南部分)为例[J].中国社会科学院研究生院学报,2009(2):5.

到 21.5 万吨/日的污水处理厂 20 座;修建处理能力为 1 575 吨/日的垃圾处理场 20 座;关停并转 59 家工业企业,对 60 家工业企业进行清洁生产改造等;显示了这一区域的污染治理成本。①

生态建设成本的补偿,可以根据维护生态功能或生态价值的投入进行核算。如南水北调中线工程水源地河南省南阳市天然林保护工程项目的投资估算标准是:人工造生态林每亩补助 200 元;封山育林每亩补助 70 元;飞播造林每亩补助 120 元;低质低效林改造每亩补助 100 元;林管护按每人管护 3 000 亩,每人每年管护费 8 000 元确定补助标准。② 这种方法较好地考虑了调水沿线经济发展和市场发育水平,公平合理、可操作性强,使调水区保持足够动力参与生态保护,受水区不断享有清洁用水和良好的水环境。

我国南水北调工程水权管理准市场模式的运作,要求生态补偿综合运用政府补偿、市场补偿和社会补偿手段,实现生态补偿方式多样化,其中市场补偿是最重要的创新之举。但是,南水北调水权交易市场尚未形成,目前展开生态补偿,适宜在生态补偿价值核算的基础上进行协商,最终确定生态补偿的具体方式和数额。

第二节　引滦入津工程

一、工程简介

引滦入津工程将滦河水引入海河流域,是我国首个为大型城市供水的最大、最长的跨流域调水工程。该工程把河北省东北部滦河

---

① 曹明德,王凤远.跨流域调水生态补偿法律问题分析——以南水北调中线库区水源区(河南部分)为例[J].中国社会科学院研究生院学报,2009(2):5.

② 朱桂香.南水北调中线河南水源区生态补偿机制的建立[J].华北水利水电学院学报(社会科学版),2010(5):47.

流域潘家口水库的水经大黑汀水库调蓄,由干渠引出,穿燕山山脉,循黎河西行入于桥水库,经州河、蓟运河注入尔王庄水库调蓄,经沿途灌溉及用水后,经三级泵站提升、一次加压,或从明渠经新引河输入海河干流,或从暗涵进入天津市内水厂。工程主干线全长234km,包括12km隧洞、70km天然河道治理、于桥水库、尔王庄水库、三大提水泵站、64 km专用输水明渠、桥闸、暗渠等。该工程于1983年9月建成并通水,至今已29年,向天津市安全供水200多亿立方米。

20世纪80年代,天津作为中国第三大工业城市和重要海港,无论工农业生产还是人民生活,均面临着极为缺水的局面。引滦入津工程通水后,对天津市经济和社会发展的贡献十分显著。具体表现在:①推动了工业生产的发展。调水资源进入天津后,缺水企业全部恢复生产,新建企业也获得了用水保障,从而加速了这一地区工业发展、改善了投资环境。②保证了城市居民饮用水的质量。引滦入津工程结束了天津人民喝咸水、苦水的历史,城市饮用水水质达到国家二级标准。③美化了城市环境。调水资源进入天津后,天津市园林绿化面积达到1.5亿 m²,市区绿化面积的覆盖率达到35%。

近年来,为保护引滦入津水源、防治水污染、确保城市供水安全,天津市利用亚洲开发银行和国家开发银行贷款,实施了引滦入津水源保护工程。工程始于于桥水库,终于大张庄泵站,线路全长124.3km,主要包括于桥水库水源保护工程、新建州河暗渠工程、引滦专用明渠治理工程以及管理信息系统工程。该工程总投资24亿元,是引滦入津工程的后续与改造工程,主要解决工程运行中出现的一些问题,特别是水资源保护与改善。

二、管理体制改革

1. 管理体制市场化的探索

引滦入津工程供水后,成立了引滦枢纽工程的直接管理机构——水利部海委引滦工程管理局,作为水利部海委直属的地市级事业单位。其主要职责是负责引滦枢纽工程运行、养护和维修,充分发挥工程的供水、发电、防洪、养殖等综合效益,分水点以下工程由天津和河北自行管理。天津市引滦工程管理局与天津市水利局为两块牌子、一套人马,属自收自支事业单位,负责引滦工程输水、管理工作。管理局下设引滦工程管理处、隧洞管理处、黎河管理处、于桥水库管理处、潮白河管理处、尔王庄管理处、宜兴埠管理处和入港管理处,其中引滦工程管理处是天津市水利局负责引滦沿线工程业务管理的职能处。

这种管理体制在水库调度、水量分配、污染防治等方面发挥了重要作用,表现出行政机制是单一的科层制,权力向度是自上而下的权威中心。行政机制的优点是能够发挥政府威信、组织优势,通过各种政策手段加强对调水工程的管理。但实践证明,传统水权管理具有呆板机械的特点,在协调调水沿线用水利益上越来越显得力不从心。特别是在枯水期,引滦入津工程沿线缺水形势更加严峻。由于滦河流域潘家口水库、于桥水库 1997 年进入了枯水期,入库水量不断减少,已经无法满足天津市用水需求。2000 年起,国家有关部门组织实施了五次引黄剂津应急调水,用于解决天津市用水危机的问题。

随着我国社会主义市场经济的发展,如果较少发挥市场机制在水资源调节方面的作用,市场条件下的制度、规则和管理手段不足,已经难以有效解决调水沿线用水矛盾。近年来,引滦入津工程管理已经开始了市场化的探索。引滦工程管理局在加强流程管理的基础上,优化部门设置,积极推行内部管养分离,对部门职能进行了重新界定,调整规范了部门名称。有关机构按职能或任务划分为三类:职能部门从事工程监督管理、指导协调;运行管理与操作部门从事工程运行管理、监督检查;养护部门从事工程维修养护。在清晰界定"管"与"养"职能及权限范围的基础上,将维修养护职能和人员从机关中分离出来,由管理局成立工程物业总公司,各管理处成立工程物业养护中心,下设土建、机电分中心,专门从事日常工程养护维修工作。工程养护资金由过去的经费管理改为按合同管理,日常财务管理按照市场运作,资金使用更加规范高效。

2010 年,引滦工程管理局第 17 号文件发布通知,决定借鉴国内外现代化的建设管理模式,组建"天津市引滦工程建设管理中心"。中心主要职责是:负责涉及引滦工程和水资源安全各类项目的立项准备、规划设计、建设管理;履行项目法人职责和具体项目建设管理职能;负责项目实施、各环节和程序控制管理;负责工程质量、安全生产、工程建设和资金控制,负责建设程序和质量安全的监管;负责与运行管理单位移交等项工作。中心开设独立账户,财务单独核算。这些都为京津冀水权市场的形成创造了条件。

2. 区域性管理体制的建立

长期以来,由于行政区划固定了行政权力的边界,难以展开引滦入津工程整体优化、系统管理,行政权力运作容易受各方"讨价还价"能力的影响,致使调水沿线受地区分割、部门利益限制,水库水产养殖、水量与水质管理人为分离,城市供水、防洪减灾、防治水污染和保护水生态环境等问题无法统筹解决。引滦入津工程沿线省市的行政区域往往各自为政,区域之间的合作并没有取得实质性进展,难以形成优势互补、区域经济一体化的局面。

京津冀以引滦入津工程为纽带,客观上存在生态、经济和文化关联,这是京津冀一体化的根本动力。围绕引滦入津调水工程,京津冀形成了相对独立的人工流域系统,这种特点决定了我们应以流域单元为基础,根据引滦入津工程水资源特点,科学评估水资源开发利用现状及潜力,合理分析水资源承载能力,统一编制水资源发展规划,实现京津冀水资源合理开发、利用和科学管理。而基于区域一体化的生态、经济发展,需要由地方政府让渡部分权力,建立起区域性的管理机构或组织,如建立京津冀水资源管理中心。区域性管理侧重于水资源统一规划和调度，并成为地区之间、部门之间沟通协商的平台。地方政府仍然是区域合作的主要推动者，当面临共同问题、寻求和维护共同利益时，地方政府间通过对话与协商等方式进行合作，作为解决行政隔离问题的有效途径。

与地方性行政管理相比，区域性公共管理的主体多元化，既有代表官方的政府组织，也有非官方的民间组织和私营部门，它以分散、多元的权威中心来进行治理；在运行机制上，除传统的科层制之外，区域性公共管理通过合作、协调、谈判、伙伴关系等方式确立集体行动的目标，引入市场机制来实现区域内部联系的自觉性、紧密性。京津冀共处于一个水资源生态系统，解决其用水矛盾和冲突，加强区域性水资源管理，必须站在全社会、全流域的高度，进行统一规划、综合治理，以协调发展为目标，实施水资源开发、利用和保护，实现包括经济、社会、生态效益相统一的综合效率。

三、水权市场建设

1. 水权的初始分配

水权市场建设的首要问题是水权的初始分配。由于水资源所有权为国家所有，水权初始分配实质上是将所有权与使用权分离，水资源所有者向受让方出让水资源使用权。京津冀水权初始分配，即把水资源使用权按照一定方案配置给区域内用水主体，这是推进水权制度的重要一环。

水权初始分配可以通过行政分配、标价出售和公开拍卖等方式展开。在行政分配方式下，用水主体交纳少量费用（甚至免费）获得水使资源用权；标价出售是由国家事先确定水权价格后对外出售；公开拍卖方式允许用水主体自由竞价，出价高者获得水权。滦河多年平均径流量为 44.5 亿 m³，设计外调水量为 19.5 亿 m³，根据国务院有关分水文件规定，其中 10 亿 m³ 分配给天津市，6.5 亿 m³ 分配给河北省唐山市。在潘家口水库来水小于 75% 保证率时，增大天津市用水比例。当特枯水利年度动用潘家口水库死库容供水时,其水量全部供给天津、唐山的工业和生活用水。引滦入津工程水量调度分为枯水期、汛期调度两部分。枯水期水量调度为每年 10 月到来年 6 月,每年 9 月由天津市根据本区各水库和河道的蓄水情况提出本水利年度引水计划,报水利部海委引滦局。海委引滦局根据潘家口水库蓄水情况和预报枯水期来水情况,确定水利年度可分配水量和两省市分水指标,编制水量分配意见,报上级部门批准实施。当遭遇特别枯水年份、水量极为短缺之时,水量分配和调度由海河水利委员会统一协调。① 可见,目前京津冀水权分配采用行政手段进行,这种方式的优点是操作简单,缺点是副作用大、随意性强,也容易导致各省市缺乏节水动力和压力。从水权初始分配的长期目标看,为了应对日益严重的水危机,有偿化成为对水进行资源化管理的重要趋势。不过在现阶段,水权初始分配要尊重历史,保留行政分配的手段。从投资情况看,调水行业作为自然垄断性强、关系国计民生的行业,工程建设在传统体制下完全由政府部门投资和组织建设,营利性企业、社会力量没有参与进来,水权初始分配仍应坚持行政手段推进。京津冀初始水权分配以三省市水权总量为主体,通过水权协商机制,先分配到各省市,再分配到县级以上政府、乡镇用水户协会。

与南水北调工程水权初始分配不同,京津冀水权初始分配是无偿的,这源于尊重水权分配的历史传统。况且,调水工程完全由国家投资,实践中也无法根据地方出资状况决定初始水权,相反,水量分配方案是既有的。水权初始分配由能够代表国家的水行政管理部门进行,将初始水权量逐级向下分配。实际操作中根据各地实际用水量、用水效率和水费收缴等情况,对分配方案进行协商调整,确定用水户。

---

① 张媛. 关于引滦工程水权再分配的探讨[J]. 河北水利,2009(8):10.

2. 水权市场的建立

水权初始分配完成后,应积极引入市场机制,允许各供水分公司、集团用户,甚至用水户协会进行水权交易。水权市场具有层级性特点,一般在水源地设中心市场,由供水总公司负责管理;各出水口设立分市场,由供水分公司和当地水行政主管部门负责;乡镇设立的水权市场,由乡镇、用水户协会负责,开展农业用水交易。如图 6-1 所示,可以将三省市水权总量授给供水总公司,供水总公司分配给各驻省分公司、集团用户和灌区。水权初始分配之后,如果再赋予以各级政府市场主体的身份,就会出现行政主体与市场主体身份的重叠,从而回归行政调水模式,影响水权的市场交易。政府应积极培育水权市场主体,按市场经济运行规则的要求,实行政企分离,真正形成活跃的水权市场。

在传统行政调水的管理模式下,京津冀水资源管理实践中已经出现了许多问题:如水价偏低、水费收缴难;枯水期缺水形势严峻;水资源浪费严重;生态安全存在潜在威胁等。根据王亚华的研究结论:随着时间推移和环境的变化,如果行政管理系统的运行成本上升,一个纯粹的科层结构将变得难以维持,一定程度市场方式的引入是合理选择。

水权交易是当前世界上最受关注的新型水资源管理制度体系,世界银行也倡导缺水地区建立水权交易市场,以促进水资源的优化配置。① 京津冀水权市场的构建是解决其水资源矛盾的重要出路,有利于对稀缺水资源的优化配置,提高用水效率,促进水资源可持续开发利用。

---

① RosonM. Sexton R. Irrigation Districts and Water Markets:An Application of Cooperative Decision-Making theory[J]. Land Economics,1993(6):39.

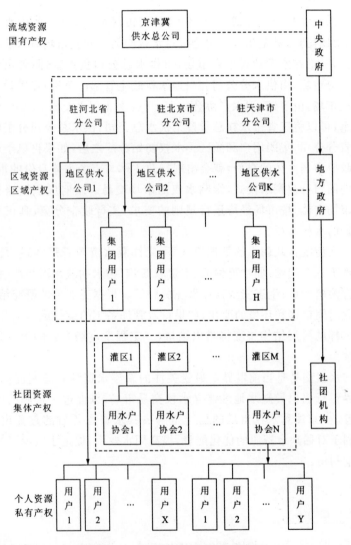

图 6-1　京津冀水权制度科层模型

四、水价的完善

1. 两部制水价的实施

引滦入津工程运行过程中,水价从 1982 年的 0.035 元经过了很多次调整,仍然没有反映调水资源真实或合理的成本,致使水资源管理部门连年亏损、效益降低,加上水费常常不能及时收取,影响到管理单位任务的实施,造成工程调度、运行管理困难。水利部于 2004年出台了《水利工程水价管理办法》,明确规定水利工程实行两部制水价。两部制水价由基本水价和计量水价构成,既有利于补偿调水工程中的固定成本,又能够调剂水量余缺,鼓励节约用水,提高水资源利用效率。[①]

长期以来,引滦入津工程沿用计划经济下的供水管理体制和调度方式,调水量由用水户自行确定,受水区上报的用水计划曾经高达10 亿 m^3 左右,而天津市多年平均调水量不足 6 亿 m^3 ,结果导致工程调度困难。两部制水价的实施,用水户每年要缴纳固定的基本水费,费用多少取决于计划用水量,迫使用水户在满足用水需求前提下提出切合实际的需水计划;供水经营者有条件在汛期来临前对水库中水量的余缺作出理性判断,从容进行水资源调度、充分利用水资源。

引滦入津工程实施两部制水价的优点是:①有利于保障调水工程正常运行所需要的资金。实施两部制水价后,该工程每年都有固定的基本水费收入,工程人工费用、养护维修费用等得到有力保障,为工程良性运行创造了条件。②有利于节约用水。实施两部制水价,并使计量水价高于基本水价,用水户用水量超过基本水量时,按较高的计量水价缴纳水费,这将鼓励用水户节约用水。另外,在枯水季节,浮动式计量水价可促使用户节约用水;丰水季节则鼓励用户多

---

① 李梅,张济世,刘玉龙. 跨流域调水工程水价研究[J]. 人民黄河,2008(2):12.

用水;有利于兼顾供需双方的利益。③有利于调水资源合理开发利用。

2. 综合水价的运用

两部制水价较好考虑了调水工程效益的发挥,只有尽可能收回投资项目成本,维持供水企业良性运行,才能促进水资源可持续开发利用。但两部制水价在解决生态环境问题方面尚存疑虑,水价机制中应突出对资源水价和环境水价的反映。

资源水价的内涵主要体现为:产权、有用性和稀缺性。产权是根本,产权不明晰,资源的价值就无从谈起。2002 年,天津市曾经尝试购买河北省部分农业用水指标,但由于水费测算没有理论和实践依据等原因,双方无法达成水权交易协议,天津市被迫在该年汛后再次依靠引黄剂津。同时,有用但不表现出稀缺性的事物也无法实现其价值,水资源稀缺性应有其价值体现。在引滦入津工程运行中,河北省人均水资源占有量只有全国平均值的 1/7,甚至还比不上以干旱缺水著称的中东和北非,却承担着向京津供水的任务。而河北省无偿供水给京津地区,同时又要花钱向黄河买水,[①]水资源稀缺性表现得非常明显。目前,滦河的外调水量已经占到多年平均径流量的45%,超出了 40% 的阈值,国际上公认这会对生态保护产生不利影响。

环境水价包括两部分内容:污水所造成的损失;污水处理与排放的各种费用。随着潘家口、大黑汀和于桥水库上游地区经济迅速发展,生产、生活排放的污水、废渣等逐年增加。尤其是水库周边采矿区的废矿渣、尾矿砂等排入两大水库,不仅严重侵占了库容,还污染了水源;拦网养鱼、网箱养鱼的大量增加,也加重了对水质的污染。在水权交易市场中,水权不仅是量的概念,而且也是质的概念。从功

---

　　① 焦跃辉,李婕. 环京津区域生态补偿机制的创新[J]. 经济论坛,2008(4):11.

能与属性的角度出发,水资源使用权包括水量使用权、水体纳污能力使用权等不同的类型,而水量、水质的统一是水权制度建设必须解决的问题。[1] 从符合我国现阶段实际情况的水价制定来说,不但要计算实际发生的污染治理成本,也要考虑部分或全部调水区丧失的机会成本。为了保护生态环境,调水区不仅承担了大量防污治污工作,而且为保护调水区生态环境放弃了高耗水、高污染的产业项目,牺牲了大量自我发展的机会。水权交易价格应该包括生态环境保护和治理的价值,以及水资源本身的价值。

作为水权市场的重要刺激因素,水价理应按照市场供需关系确定。当水价上升时,刺激人们想方设法节水、提高用水效率;而水价下降时,人们的用水需求自然上升。但是,由于经济发展水平的限制,京津冀水权市场只是一个准市场,水价制定应体现国家的宏观调控,出台水权指导价格,水价过高时,供水总公司和分公司动用蓄备水进入市场;反之,供水公司动用储备基金买进水,使水价回升。还要注意的是:外调水和当地水的协调运用也需要政府引导。引滦入津工程调水进入各受水区后,由于调水距离和调入水量不同,调水成本不一样,调水水价往往会高于当地水的价格。在这种情况下,终端供水公司就会从自身利益出发,多用当地水源的水,甚至超采地下水,造成调水资源浪费,从而不利于改善生态环境、实现可持续发展。政府有必要通过成本控制、供水数量或次序管制等手段进行价格调控。

在今后很长一个时期内,水价很难以反映调水资源的真实价值。也就是说,根据市场经济理论,在完善、充分发育的市场条件下,理应通过价格杠杆发挥资源优化配置的作用,对供给主体和需求主体的市场行为进行双向调节,从而使供需双方相应调整自己的生产或消

---

① 张郁. 我国跨流域调水工程中的生态补偿问题[J]. 东北师大学报(社会科学版),2008(4):22.

费行为。然而,调水资源的特殊性限制了市场机制作用的充分发挥。水资源经济的外部性和公益性特征十分明显;水资源受自然条件限制,在供给上呈现明显的区域性,使水商品具有供方市场的特点;调水资源开发利用的范围广、战线长、管理难度大、执法权限和执法力度有限等都使跨流域调水水权市场的形成、发展和完善不可能一蹴而就。

五、水权生态补偿的运作

1. 水权生态补偿迫在眉睫

引滦入津工程建成通水以来,河北省唐山市、承德市成为京津重要水源保护区。冀北地区为了保护京津水源地和生态环境,投入了大量人力、物力和财力,而且由于生态环境保护的较高要求,丧失了发展的机会成本。张家口市从 1996 年以来累计投入资金近 6 亿元,对重点污染源实施限期治理,共停产治理企业 256 家,取缔企业 486 家。关停企业中包括像宣化造纸厂这样拥有 4 000 多名职工的大型企业,经济损失巨大。关停宣化造纸厂后,张家口市在每年损失利税 5 000 多万元的同时,还必须每年支付 600 多万元以保障该厂多名失业职工的基本生活。承德市为保护滦河、潮白河水质而禁上项目 800 多个,关停企业 324 家,每年减少利税十几亿元。[①] 为了节水,张家口市赤城县改变了农作物种植结构,水稻种植面积由原来的 3 000 多 hm²,降到了 300 多 hm²,压缩了 90%;为避免水资源污染,近年来关停、压缩了 59 个企业,年经济损失近 5 000 万元;禁牧政策的实施,则使全县农户养羊数量由 2000 年的 56 万只锐减至 5 万只,农民年收入减少 5 000 万元以上;严重打击了农民发展畜牧业的积极性,

---

① 孙景亮. 京津冀北地区建立常规型生态补偿机制的探讨[J]. 南水北调与水利科技,2010(2):150.

造成当地畜牧业发展的严重滑坡。①

亚洲开发银行与河北省政府于 2005 年公布《河北省经济发展战略研究》报告,提出了"环京津贫困带"的概念。"环京津贫困带"包括河北省与京津接壤 32 个贫困县,面积 8.3 万 km²,涉及 3 798 个行政村,人口 272.6 万,人均年收入不足 625 元,有些县的经济发展水平比西部贫困县还要低。② 由于受益者无偿或低成本占有生态环境利益,保护者却得不到应有补偿,从而影响着地区之间、不同人群之间的和谐关系。因此,河北省要求北京、天津两市予以补偿的呼声日渐高涨。为缓解这一紧张局势,北京市曾以专项资金、项目的方式对天津市进行补偿,特别是 2006 年《北京市人民政府、河北省人民政府关于加强经济与社会发展合作备忘录》正式签署,北京市按照每年450 元/亩的标准给"稻改旱"农民予以经济补偿,支持承德、张家口地区 18.3 万亩水稻改种玉米等低耗水作物工程。③ 但是,由于备忘录只涉及到部分生态补偿的内容,尤其是没有解决水权转让问题。承德方面认为,这只是生态补偿的权宜之计,因而要求建立永久性,以水权为核心的生态补偿机制。

2. 水权生态补偿的运作过程

随着生态补偿实践的开展,人们认识到单一政府补偿是非常有限的。任何政府都无法承担跨流域调水生态补偿的全部投入,更何况完全由政府投入也并非最有效率。水权市场的引入,有利于运用经济手段促进生态环境的保护。

水权生态补偿要求全社会认同水的资源价值和环境价值,通过水权市场的运作,使生态环境的受益人支付相应费用,对生态环境保

---

① 王星,陈泽伟. 生态补偿破解环境冲突[J]. 瞭望,2007(3):60.

② 钟茂初,潘丽青. 京津冀生态—经济合作机制与环京津贫困带问题研究[J]. 林业经济,2007(10):44.

③ 麻新平. 京津冀水资源合作现状及路径选择[J]. 经济论坛,2008(2):8.

护的贡献者给予合理经济补偿。在引滦入津工程沿线水权市场中,用水主体使用调水资源必须支付一定费用,通过水权市场交易获得水资源。为保证水权机制下生态补偿资金落实到位,应设立生态补偿基金,补偿基金来源于水权交易费用中有关资源水价和环境水价的部分。调水工程沿线还要设立专门的生态补偿基金账户,水权交易完成后,将提取的部分费用存入该基金账户中,使调水区资源、生态环境建设的投入真正得到补偿。其中来源于资源水价的部分,可以用于调整产业结构、促进经济发展,从而有效减缓贫困;而来源于环境水价的部分,则必须保证用于环境恢复与治理,真正使生态环境得以保护;这两部分资金不得互相挪用。

水权生态补偿能够自觉调节跨流域调水沿线不同利益主体之间的关系,有效解决调水沿线不同区域之间利益分配的公平性问题。世界银行在论及水权市场的前提与作用时,也把恰当的补偿机制置于首要地位。